Richard Templar

泰普勒法则丛书

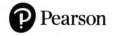

人生

活出生命的意义

原书第5版
Fifth Edition

［英］理查德·泰普勒 著

陶尚芸 译

The
Rules of
Life

机械工业出版社
CHINA MACHINE PRESS

图书在版编目（CIP）数据

人生：活出生命的意义：原书第5版/（英）理查德·泰普勒（Richard Templar）著；陶尚芸译. —北京：机械工业出版社，2023.11（2024.5重印）

书名原文：The Rules of Life，Fifth Edition

ISBN 978-7-111-74100-8

Ⅰ.①人… Ⅱ.①理… ②陶… Ⅲ.①人生哲学－通俗读物 Ⅳ.①B821-49

中国国家版本馆CIP数据核字（2023）第201856号

机械工业出版社（北京市百万庄大街22号　邮政编码100037）
策划编辑：坚喜斌　　　　　　责任编辑：坚喜斌　陈　洁
责任校对：李　思　张　征　责任印制：张　博
北京联兴盛业印刷股份有限公司印刷
2024年5月第1版第2次印刷
145mm×210mm·8.5印张·1插页·180千字
标准书号：ISBN 978-7-111-74100-8
定价：59.00元

电话服务　　　　　　　　　网络服务
客服电话：010-88361066　机 工 官 网：www.cmpbook.com
　　　　　010-88379833　机 工 官 博：weibo.com/cmp1952
　　　　　010-68326294　金 书 网：www.golden-book.com
封底无防伪标均为盗版　　机工教育服务网：www.cmpedu.com

谨以此书献给日本剑术家宫本武藏，
他教会了我"简约战略"。
不害怕！
不惊讶！
不犹豫！
不质疑！

鸣　谢

我要感谢多年来坚持给我发邮件用心点评本人拙作的所有读者，尤其是那些为新版《人生：活出生命的意义》献计献策的人。此外，我要特别感谢：

尼古拉·贝茨（Nicola Betts）

尼尔·达根（Neil Duggan）

扎基亚·穆拉维（Zakia Moulaoui）

丹尼尔·诺提（Daniel Nortey）

加拉·索尼（Jalaj Soni）

爱丽芙·哇坦奴格鲁（Elif Vatanoğlu）

"比萨西施"多娜（Donna）

序　言

　　由于某种原因（原因太长、太复杂，无法在这里展开讨论），我不得不在很小的时候和我的祖父母一起生活了几年。他们和同时代的许多人一样，都是勤奋、知足的人。我的祖父因为一次工伤事故（一车砖头砸坏了他的脚）提前退休了，我的祖母在伦敦的一家大型百货公司工作。母亲突然把我托付给祖母照看一段时间，这显然给两位老人造成了时间安排上的困扰。我还太小，不能上学，又不能指望祖父在家里照顾我（在那个年代，男人是不照顾孩子的……真是翻天覆地的变化）。祖母的解决办法是把我藏在她的庇护之下，有时是身体上的庇护，有时是隐喻意义上的庇护。比如，她偷偷带着我从经理和主管的眼皮下走过，然后让我陪着她一起工作。

　　当时我觉得和祖母一起工作很有趣。她命令我在很长一段时间内保持安静和不动，我也没感觉到有什么不妥，所以我认为这是正常的。我发现，通过观察顾客（通常是躲在一张大桌子下面的安全角落里），我可以相当愉快地打发时间。因此，我对察言观色产生了巨大的兴趣。

　　我的母亲（后来我回到她的身边）说观察别人对我没有任何帮助。我却不敢苟同。你看，我在初入职场时对周围人的观察表明，有一套独特的行为可以让人们获得晋升。举个例子，如果有两个能力相当的人，其中一个人的穿着、思想和行为都已经摆出了升职者的姿态，那他获得晋升的可能性就更大。将观察到的行为付诸实践，可以让你事业快速上升。这些"法则"构成了《工作：从平凡到非凡》（*The Rules of Work*）的基础。

工作中，你会发现某些行为可以让某些人毫不费力地天天向上和不断进取。在生活中，你也可以做到这一点。纵观芸芸众生，人类大致分为两大阵营：一类人似乎已经掌握了人生成功的诀窍，另一类人仍然觉得生活有点艰难。当我说掌握成功的诀窍时，我并不是指在积累财富方面或在某些压力巨大的职业中名列前茅，而是用我辛勤工作的祖父母都能理解的老方法来掌握成功的诀窍。那些对生活满意的人，日常生活大多是快乐的，总体上是健康的，也会从生活中获得更多；那些还在苦苦挣扎的人，总体上不会那么快乐，也不会享受生活中的许多乐趣。

那么，成功的诀窍是什么呢？答案归结于一个简单的选择。我们每天都可以选择做一些特定的事情。我们必须做的一些事情会让我们不开心，而我们选择做的一些事情会让我们更快乐。通过观察别人，我推断出一个结论：如果遵循一些基本的人生法则，我们往往会做得更多，更容易摆脱逆境，也会从生活中获得更多，并在前进的过程中传播一点点快乐。遵循人生法则的人似乎能带来好运，一进门就能点亮整个房间，对生活更有热情，也能更好地打理人生。

下面是我的人生法则。它们不是一成不变的，不神秘，也不难。它们完全基于我对快乐和成功人士的观察。我注意到，那些快乐的人是那些遵循大部分法则的人，而那些看起来很痛苦的人是那些不遵循法则的人。那些成功的人通常在遵循法则的时候甚至没有意识到他们在做什么——他们是天生的人生法则玩家。而那些不太擅长玩转人生法则的人常常觉得缺少了什么，他们一生都在寻找一些能奇迹般地赋予他们生命意义或填补他们内心空虚的东西。不过，答案近在咫尺，他们需要的只是行为上的简单改变。

事情真的那么简单吗？不，当然不是。循规蹈矩绝不是件容易的事。如果容易，我们早就发现这一点了。要让法则变得有价值，就必须付出艰辛。但是，简单易行才是这些法则的美妙之处。你可以把目标定得高一些，然后全力以赴，一气呵成，也可以从一两个小目标开始，积跬步以至千里。问我是不是也这样？不，我从来都做不好。和其他人一样，我也经常半途而废，但我确实知道我该怎么做才能重新站起来，我也知道我该怎么做才能重启人生的意义。

通过观察人们，我逐渐意识到，所有这些人生法则都是合理的。就我个人而言，我喜欢这样的建议："悄悄地走，静静地想……"但我不确定我该怎么做。然而，像"出门前把鞋擦干净"这样的建议对我来说更有意义，因为这是我能做到的，更重要的是，我能立即看到其中的逻辑。顺便说一句，我仍然觉得擦得锃亮的鞋子比脏兮兮的鞋子更能给人留下好印象。

在本书中，你找不到擦鞋的工具，也找不到任何鼓舞人心的、新时代的事物，但这并不意味着这些东西不重要。我只是觉得，我们能做的实际事情比那些令人振奋的陈词滥调更好，据我所知，那些陈词滥调也许称得上是"智慧箴言"，比如，"时间是伟大的治愈者""爱真的可以征服一切"。但是，当你想要做实事的时候，那些所谓的箴言不会起到让你行动起来的作用。

你会发现，本书讲的都老掉牙的常识。这里没有什么是你不知道的知识。本书不是启示录，而是提示单。它提醒你，人生法则是普遍的、明显的、简单的。你遵循法则，法则就会为你服务。

但是，那些没有这样做但看起来仍然很成功的人呢？我敢肯定，我们都认识这样一些人，他们获得了巨大的财富，但冷酷无情、令人不快、独断专行、处于不道德的边缘。如果那是你想要的，是可以实现的。但我认为，你想睡个安稳觉，不会因为愧疚或后悔而感到痛苦，做个彻头彻尾的好人。这一切的美妙之处完全取决于你的个人选择。我们每天都在选择是站在天使一边还是魔鬼一边。本书帮助你选择与天使同行，但这并不是强制性的。就我个人而言，晚上睡觉时，我喜欢在脑海中快速回顾一下当天的一幕幕，然后，我希望我能对自己说："不错，美好的一天，你做得很好。"我要为自己所取得的成就感到自豪，而不是对自己的行为和生活感到遗憾和不满。我喜欢睡觉时感觉自己有所作为，我善待了他人而不是伤害了他们，我传播了一点一滴的幸福，享受了一丝一缕的乐趣，我在良好行为方面的得分通常接近 10 分，而不是 1 分。

本书的内容并不是教你赚很多钱和取得惊人的成功。本书的问题清单很简单：你的内心感受如何？你如何影响你周围的人？你是什么样的朋友、伴侣和父母？你对世界产生了什么样的影响？你给人留下了什么样的印象？

有时候，我会视自己的作品如自己的孩子。我拍拍他们的头，擦擦他们的鼻子，然后把他们送到外面的世界。接着，我想知道他们过得怎么样。所以，如果本书对你产生了影响，或者你自己悟出了本书中缺失的若干法则，我很有兴趣听你说。

理查德·泰普勒

目　录

鸣　谢

序　言

第一章　个人法则

法则 001　保守秘密 ……………………………………………………… 003

法则 002　你会变老，但不一定变得更睿智 ……………………… 005

法则 003　既然木已成舟，就要学着接受 ……………………… 007

法则 004　接纳自己 ……………………………………………………… 009

法则 005　知道什么重要，明白什么不重要 ………………… 011

法则 006　确立毕生的追求 ………………………………………… 013

法则 007　思维要灵活 ………………………………………………… 015

法则 008　对外面的世界感兴趣 ………………………………… 017

法则 009　绕开野兽，与天使同行 ……………………………… 019

法则 010　奋斗吧，不做随波逐流的死鱼 …………………… 021

法则 011　你且先别大喊大叫 ……………………………………… 023

法则 012　做自己的顾问 ………………………………………………… 026

法则 013　不害怕、不惊讶、不犹豫、不质疑 …………… 028

法则 014　我希望自己不曾错过 …………………………………… 030

法则 015　放弃也是一种选择 ……………………………………… 032

法则 016　数数或唱歌——静下来，一切都会好 ……… 034

法则 017　改变你能改变的，其余的请放手 …………… 036

法则 018　争取把每件事都做到最好 …………………………… 038

法则 019　不要期望完美 ·· 040

法则 020　白日梦也是梦，不要限制你的梦想 ···················· 042

法则 021　如果你想跳水，一定要知道水有多深 ················ 044

法则 022　不要沉湎于过去 ··· 046

法则 023　不要活在未来 ·· 048

法则 024　时光荏苒，你要勇往直前 ································· 050

法则 025　前后一致，不要自相矛盾 ································· 052

法则 026　每天都要隆重打扮自己 ····································· 054

法则 027　拥有自己的信仰体系 ··· 056

法则 028　每天给自己留一点空间 ····································· 058

法则 029　没有计划的计划，只能算个梦想 ···················· 060

法则 030　表现出幽默感 ·· 062

法则 031　你铺的床你自己睡 ··· 064

法则 032　生活可能有点像广告 ··· 066

法则 033　走出你的舒适圈 ·· 068

法则 034　学会提问 ·· 070

法则 035　保持庄重 ·· 072

法则 036　情绪激动是正常的 ··· 074

法则 037　在困境中坚守信仰 ··· 076

法则 038　你不是万事通，不可能什么都懂 ···················· 078

法则 039　知道真正的幸福从何而来 ································· 080

法则 040　生活就像一块比萨 ··· 082

法则 041　总有人乐意见到你 ··· 084

法则 042　知道何时放手、何时离开 ································· 086

法则 043　报复会导致冲突升级 ··· 088

法则 044　照顾好自己 ··· 090

法则 045　事事都要以礼相待 ··· 092

法则 046 常做断舍离 ······················· 095

法则 047 归根溯源，与过去保持联系 ················· 097

法则 048 在自己周围划清界限 ····················· 099

法则 049 购物要看质量，而不是价格 ················· 101

法则 050 担心是可以的，也可以知道如何不担心 ·········· 103

法则 051 保持年轻态就好 ······················· 105

法则 052 钱并非万能的 ························· 107

法则 053 独立思考 ··························· 109

法则 054 你不是管事的 ························· 111

法则 055 给自己消消气、解解愁 ··················· 113

法则 056 不是善茬就不懂愧疚 ····················· 115

法则 057 没有好话说，那就闭嘴吧 ················· 117

第二章　浪漫爱情法则

法则 058 求同存异 ··························· 121

法则 059 允许你的伴侣拥有做自己的空间 ·············· 123

法则 060 文明做人，礼貌先行 ····················· 125

法则 061 限制不如支持 ························· 127

法则 062 做第一个说抱歉的人 ····················· 130

法则 063 多迈出一步去宠他 ····················· 132

法则 064 知道何时倾听、何时行动 ················· 134

法则 065 以浪漫之名点燃共同生活的激情 ·············· 136

法则 066 注重隐私与尊重 ······················· 138

法则 067 夫妻对话，交身也要交心 ················· 140

法则 068 不要以爱之名窥探私隐 ··················· 142

法则 069 确保有共同目标 ······················· 144

法则 070　善待伴侣胜过善待挚友 ················· 146

法则 071　满足感是一个崇高的目标 ················· 148

法则 072　夫妻双方不必遵守同样的法则 ············· 150

第三章　亲友关系法则

法则 073　如果你想交朋友，那就先对别人好 ········· 155

法则 074　永远也不要忙得顾不上你爱的人 ··········· 157

法则 075　放手让孩子试错 ························· 159

法则 076　给父母多一点尊重和原谅 ················· 161

法则 077　给孩子一个自新的机会 ··················· 163

法则 078　永远不要随意借钱给别人 ················· 165

法则 079　不要对别人指手画脚 ····················· 167

法则 080　世界上没有坏孩子 ······················· 169

法则 081　高兴地围着你爱的人转 ··················· 171

法则 082　让孩子担负起责任 ······················· 173

法则 083　你的孩子和你闹翻了才会离开家 ··········· 175

法则 084　你的孩子总有几个你并不喜欢的朋友 ······· 177

法则 085　你作为孩子应该做的事 ··················· 179

法则 086　你要扮好父母的角色 ····················· 181

第四章　社交法则

法则 087　我们比你想的更亲密 ····················· 185

法则 088　原谅并没有什么坏处 ····················· 187

法则 089　乐于助人 ······························· 189

法则 090　多换位思考 ····························· 191

法则 091　和积极的人在一起 ······················· 193

法则 092　不要吝啬你的时间和信息 ……………………… 195

法则 093　参与进来 ……………………………………… 197

法则 094　保持高尚 ……………………………………… 199

法则 095　你不能要求别人跟你同甘共苦 ……………… 201

法则 096　善于和别人比较 ………………………………… 203

法则 097　职业生涯路，一步一计划 …………………… 205

法则 098　你的营生也许是别人的灾难 ………………… 207

法则 099　以悠闲的方式努力工作 ……………………… 209

法则 100　警惕你的所作所为造成的伤害 ……………… 211

法则 101　追求荣耀，拒绝堕落 ………………………… 213

法则 102　在自己身上找答案，做问题的终结者 ……… 215

法则 103　检查一下你的历史记录 ……………………… 217

法则 104　不是所有的东西都是绿色环保的 …………… 219

法则 105　回馈社会，回馈人生 ………………………… 221

法则 106　每天（至少偶尔）找到一条新法则 ………… 223

第五章　附加法则：快乐法则

法则 001　目光长远 ……………………………………… 227

法则 002　做你擅长的事情 ……………………………… 229

法则 003　喜欢你自己 …………………………………… 231

法则 004　换个角度看问题 ……………………………… 233

法则 005　编一个幸福的故事 …………………………… 235

法则 006　圈子不同，亦可为谋 ………………………… 237

法则 007　找点分心的事儿消遣一下 …………………… 239

法则 008　你要知道你该珍惜谁 ………………………… 241

法则 009　清除心灵道路上的绊脚石 …………………… 243

法则 010　多一些选择，一切皆可掌控 ·· 245

第六章　其他不可错过的人生智慧

帮助别人会让你感觉良好 ·· 249

这不全是你的事儿 ·· 251

做真实的自己 ·· 254

第一章

个人法则

　　我把人生法则大致分为四个领域——我们每个个体、我们和伴侣、我们和家人朋友、我们的社交圈（包括工作）——代表我们在自己周围勾勒出的四个潜意识的圈子。

　　让我们从其中最重要的领域（我们每个个体）开始吧。本章中的法则将帮助我们在清晨起床后以积极的态度面对世界，无论发生什么都能安全、成功地过每一天。这些法则还可以帮助我们减轻压力，赋予我们正确的人生观，鼓励我们设定自己的标准和目标。

　　我想，对于我们每个人来说，这些法则必须根据我们的教养、年龄和处境进行调整。我们都需要达到自己的个人标准。个人标准会因人而异，但拥有个人标准是至关重要的。没有个人标准，我们就会随波逐流，无法监控自己的所作所为。有了个人标准，我们就有了一个坚实的中心，一个我们可以返回的地方，一个回归本源和养精蓄锐的地方。个人标准是我们个人进步的标杆。

　　但本章不全是关于标准的，还包括放松心情、尽情玩乐、畅享生活的话题。

法则
002

你会变老，但不一定变得更睿智

有这样一种假设：随着年龄的增长，我们会变得更睿智。恐怕不是这样。实际上，我们会继续做同样的蠢事，仍然会犯很多错误，只是我们犯的是以前没犯过的错误。我们确实会从经验中学习，可能不会再犯同样的错误，但是现在有一个大坑，里面全是各种新错误，它正等着我们被绊倒、跌进去。应对的秘诀就是，接受这个事实，在犯了新错误时不要自责。所以本条法则其实要告诉你：当你把事情搞砸时，要善待自己。你要宽恕自己，并接受这个事实：我们会变老，但不一定更睿智。

回首过去，我们总是能看到我们犯的错误，但却看不到那些隐藏的错误。智慧不是指不犯错误，而是指学会在犯错后带着尊严和理智全身而退。

当我们年轻的时候，衰老似乎是发生在老年人身上的事情，离我们很远。但其实，衰老发生在每个人身上，我们别无选择，只有接受它，与它一起前行。无论我们做什么，无论我们是谁，事实就是，我们都会变老。而且，随着年龄的增长，这个衰老的过程似乎会加快。

你可以这样看待这件事：你越老，你犯错的领域就越广。我们总会碰上一些新领域，在这些领域中，因为没有指导方针，我们就会处理不好，会反应过度，会出错。我们越是灵活、越是喜欢冒险、越是热爱生活，就越会探索更多新道路，当然也就会犯错。

只要我们回顾一下过去，看看在哪里犯了错，并下定决心不再犯这些错误，就行了。请记住，所有适用于你的法则也同样适用于你周围的每个人。

他们也都在变老，但并没有哪个人变得更睿智。一旦接受了这一点，你就会对自己和他人更加宽容、友善。

最后，是的，时间确实可以治愈你。随着年龄的增长，很多事情确实会变得更好。毕竟，你犯的错误越多，就越不可能出现新的错误。最好的情况是，如果在年轻的时候就把很多错误都犯了，以后就不用吃那么多苦来学习。而这正是青春的意义所在，它让你把所有能犯的错误都犯了，不给你今后的人生挡道。

———

智慧不是指不犯错误，而是指学会
在犯错后带着尊严和理智全身而退。

法则
003

既然木已成舟，就要学着接受

　　世人都会犯错，有时非常严重。通常情况下，这些错误不是有意犯下的，也不是针对个人的。有时候，人们根本不知道自己在做什么。这意味着，如果在过去，人们在你面前表现糟糕，未必是因为他们想要变得可怕，而是因为他们和我们一样天真、一样愚蠢、一样是凡人。你的父母在抚养你的方式上出了错，或者你的爱人在和你分手的方式上犯了错，不是因为他们想那样做，而是因为他们不知道选择其他的方式。

　　如果你愿意，便可以放下任何怨恨、遗憾和愤怒的情绪。你可以相信自己是一个了不起的人，因为就算所有坏事都发生在你身上，你也可以搞定。既然木已成舟，你只需要继续做自己的事情。不要使用"好"和"坏"的标签。是的，我知道真的会发生"坏事"，但最坏的不是坏事本身，而是任由坏事影响我们。你可以任由一切坏事让你沮丧、生病、怨恨和陷入困境。你也可以试着去放手，把坏事当作塑造性格的工具，变消极为积极。

我曾有一个"不健全"的孩提时代，有一段时间我对此耿耿于怀。我把自己身上所有的软弱、颓废和不良的品质都归咎于我古怪的成长经历。这很容易做到。然而，一旦我接受了木已成舟的事实，我可以选择原谅，继续我的生活，事情就有了很大的改善。我的兄弟姐妹中至少有一个人选择的不是这条路，他们继续积累怨恨，直到心魔把他们压垮。

对我来说，如果我想从我的生活中得到更多，那就必须接受所有的坏事，把它们作为我生命中的重要组成部分，然后继续前进。事实上，我想让坏事为我的未来加油，让我变得积极，以至于我无法想象没有坏事发生的我是什么样子。现在，如果可以选择，我不会做任何改变。没错，回想起来，小时候的我很艰难，那时的日子过得很辛酸，但那段经历确实帮助我成为现在的我。

我想，当我意识到即使我能把所有"冤枉我"的人都拉到我面前，他们仍然无法弥补当初的过失时，我的态度就发生了改变。我可以对他们大喊大叫，痛斥他们，对着他们怒吼，但他们无法做任何事情来弥补过失或纠正错误。他们也必须接受木已成舟的事实。没有退路，只有前进。请把"继续前进"这四个字作为人生的座右铭吧！

既然木已成舟，你只需要继续做自己的事情。

法则
004

|

接纳自己

如果你接受了木已成舟的事实，就能做真实的自己了。你不能回到过去改变任何事情，所以你必须利用你已经拥有的东西。我并不是在这里建议响应类似于"爱自己"这种新时代的号召，那太玄乎了。让我们从简单的接纳开始吧！"接纳"的字面意思就是接受、认同，很容易做到的。你不必改善、改变或追求完美。恰恰相反，你只要接受现实就好。

这意味着接受所有的瑕疵、情感上的疙瘩、不好的部分、弱点和其他。这并不意味着我们对自己的一切都很满意，或者我们会变得懒惰，继续过着糟糕的生活。我们要接受自己最初的样子，然后在此基础上继续发展。我们不会因为不喜欢某些部分而责怪自己。是的，我们可以改变很多，但那是以后的事了。我们只需要遵循法则 4 就好。

我们必须遵循这条法则，因为在这个问题上我们没有选择。我们必须接受真实的自己，所有发生的事情造就了现在的我们。

世界万物皆如此。所有人都一样，同属复杂的人类。我们的心中载满了欲望、痛苦、罪恶、错误、坏脾气、粗鲁、偏见、犹豫和反复无常。真复杂！这就是人类如此奇妙的原因。

没有人能永远是完美的。我们首先要基于我们所拥有的东西和真实的自我，然后每天都要做选择，为更好的自己而奋斗。我们对自己的要求就是做出良好的选择，保持清醒和觉知，准备做正确的事。我们要接受有些日子很难熬，以及有时自己无能为力。没关系，不要责怪自己，振作起来，重新开始。请你接受偶尔会失败的事实，因为你也是凡人。

我知道有时候做到这一点很困难，可一旦你接受了成为人生法则玩家的挑战，就踏上了进步之路。不要再对自己吹毛求疵，也不要再给自己找麻烦。相反，你要接受真实的自己。此时此刻，你已经尽了最大努力，所以，给自己一点鼓励，继续努力吧！

你不必改善、改变或追求完美。
恰恰相反，你只要接受现实就好。

法则
005

知道什么重要，明白什么不重要

活在当下很重要，善良和体贴很重要，不严重冒犯或伤害任何人也很重要，但拥有最新的科技则不然。抱歉，我对科技没有不满。事实上，我可能拥有几乎所有最新的科技产品。我只是不会过度依赖其中任何一个小玩意儿。在我看来，它们都只是有用的工具，本身并不具有任何内在意义，比如地位象征或优越感。

在生活中做一些有用的事情很重要。因为无聊而去购物则不然。是的，你当然可以去购物。但你要分清哪些事情重要，哪些不重要；哪些是真实存在的，哪些是虚无缥缈的；哪些有实际意义，哪些没有；哪些会带来好处，哪些不会。这并不意味着让你放弃一切，去一些蚊虫出没的沼泽和当地人一起劳作，然后不幸感染疟疾——尽管劳作本身很重要，但你不必为了"有意义的人生"而走向极端。

我想这条法则的意思是专注于生活中对你重要的事情，做出积极的改变，确保你对生活感到快乐。这并不意味着你要制订一个事无巨细的长期计划。这只意味着你要大致知道自己的目标是什么、自己在做什么。保持头脑清醒，而不是晕晕乎乎。一位同行作家蒂姆·弗雷克（Tim Freke）称之为"清醒地活"[⊖]。这是一个完美的术语，用以描述我们正在谈论的事情。

人生中有些事情是重要的，也有很多事情是不重要的。要分辨出哪些是重要的，并不需要太费劲。还有很多不重要或者不是非常重要的事情可供选择。我并不是说我们的生活中不能有琐事——琐事可以有，而且也挺好——只是不要把这些琐事误认为真正重要的事情。有时间陪伴爱人和朋友很重要，而观看最新的肥皂剧就不重要了；还债很重要，而你用什么牌子的洗衣粉就不重要了；培养孩子并教会他们真正的价值观很重要，而给他们穿名牌服装就不重要了。你懂的。想想你做过的有意义的事情，然后多做一些此类事情。

———————

人生中有些事情是重要的，也有很多事情是不重要的。

⊖ FREKE. Lucid living: Experience your life like a lucid dream [M]. London: Watkins Publishing, 2016.

法则
006

确立毕生的追求

要知道什么是重要的，什么是不重要的，你就必须先知道你要把自己的一生奉献给什么。当然，这个问题没有正确答案，因为这是一个非常个人的选择——但你必须有一个答案，不要毫无头绪。

举个例子，我自己的人生有两大动力因素：①有人曾经告诉我，如果我的灵魂或精神是我离开时唯一可能带走的东西，那么它应该是我拥有的最好的东西；②我的奇特的成长经历。

至少对我来说，保持灵魂或精神的美好与宗教无关。这触动了我的心弦，引发了某种共鸣。不管我带走的是什么，我也许应该做点什么。我要确保这就是我最棒的部分，于是我思考自己到底要怎么做？答案仍然是未知的。我探索、实验、学习和犯错，做一个探索者和追随者。此外，我一生都在阅读和观察，努力解决这个大问题。你如何在这个层面上改善你的人生？我想我得到的唯一结论就是尽可能体面地生活，尽可能减少坏影响，在保持自尊的同时尊重我所接触的每一个人。这是我为之奉献一生的事业，对我来说很重要。

我的奇特的成长经历又如何能让我专注于我毕生致力的事业呢？在经历了一个"不健全"的成长过程之后，我选择让往事激励我，而不是影响我。我敏锐地意识到，许多人都需要摆脱那种被往事严重影响的感觉。这就是我毕生的事业。是的，这可能很疯狂，我可能会抓狂，但至少有一些我可以关注的事情对我来说也很重要。

现在，这些都不是什么大事了，我的意思是，我不会在我的额头上印着此类箴言："泰普勒骑士把他的一生奉献给了……"更重要的是，在我的心里，有一些东西值得我投入注意力。这是一个标尺，我可以用来衡量：①我做得怎么样？②我在做什么？③我的目标是什么？你不需要大肆宣扬，不需要告诉任何人，甚至不需要考虑太多细节，只需要在内心喊出一句简单的"使命宣言"就可以了。先决定你要为之献身的是什么，剩下的事情就会变得容易多了。

只需要在内心喊出一句简单的"使命宣言"就可以了。

法则
007

|

思维要灵活

一旦你的思想结晶、僵化、成型，你就输掉了这场思维战役。一旦你认为你有了所有答案，你就可以撂挑子了。一旦你习惯了自己的固有方式，你就已经成为历史了。

为了从生活中获得最大的收获，你必须让所有的选择都保持开放，让你的思维灵活和生活变通。你必须在暴风雨来临时做好准备——天哪，暴风雨总是在你最意想不到的时候来袭。一旦你确立了既定的模式，你就注定要被淘汰出局。你可能需要审视自己的思维来理解我的意思。灵活的思维有点像心理武术：随时准备躲避、迂回、闪避和流动。请不要把生活看成敌人，要把它看成一个友好的陪练。如果你很灵活，就会玩得很开心；如果你坚持自己的立场，可能就会受到一些打击。

我们都有固定的生活模式。我们喜欢给自己贴上这样或那样的标签，并为自己的观点和信仰感到自豪。我们都喜欢读一份固定的报纸，看相同类型的电视节目或电影，每次去相同类型的商店，吃适合我们的食物，穿相同类型的衣服。所有这一切都是美好的。但如果我们把自己与所有其他的可能性隔离开来，我们就会变得无聊、死板、顽固，可能因此遭遇一些打击。

你必须把生活看作是一连串的冒险。每一次冒险都是一次机会，你可以玩得开心、学到东西、探索世界、扩大朋友圈、积累经验、拓宽视野。停止冒险就意味着你拒绝了这些机会。

一旦你有机会去冒险，那就去改变你的想法、去超越自己、去尝试吧，看看会发生什么。如果这种想法让你害怕，请记住，只要你愿意，就可以在一切结束之后回到自己的舒适圈。

但是，本条法则并不是让你对每一个机会都说"好"，因为一直说"好"并不是灵活的态度。真正灵活的思考者知道何时说"不"，也知道何时说"好"。

如果你想知道自己的思维有多灵活，请看下面几个测试题：你床边的书是你经常读的那类书吗？你是否发现自己会说"我不认识那样的人"或"我不去那种地方"之类的话？如果是这样，那么，也许是时候拓宽你的思路并卸下你的心灵枷锁了。

请不要把生活看成敌人，要把它看成一个友好的陪练。

法则
008

对外面的世界感兴趣

你可能好奇，我为什么把这条法则放在这里，而不是列入与世界探索有关的章节。因为这条法则是关于你个人的。对外部世界感兴趣是为了你的自我发展，而不是为了世界的利益。我并不是建议你必须经常看新闻，但通过阅读、倾听和交谈，你可以随时了解正在发生的事情。成功的人生法则玩家不会被自己生活中的细枝末节所困，他们不会被困在自己人生的小小世界里。你要把了解世界上正在发生的事情——时事、音乐、时尚、科学、电影、食物、交通——作为你的使命。成功的人生法则玩家能够就任何事情展开对话，因为他们对正在发生的事情感兴趣。你不需要知晓一切最新知识，但你应该对在你的社区和世界的另一端发生的变化、新事物和正在发生的事情有一个大致的概念。

这样做的好处是什么呢？首先，它会让你本人变得更有趣，也会让你保持年轻。有一天，我在邮局遇到一位老妇人，她一直在谈论个人身份识别码："个人身份识别码，个人身份识别码，我这个年纪要个人身份识别码干什么?"简而言之,她当然需要个人身份识别码,如果没有个人身份识别码,她就拿不到养老金。麻烦还不止如此。人们很容易陷入"我从没干过这事儿,现在也没必要去做"的心态。如果这样,我们很有可能会错失良机。

　　生活中最快乐、最平衡、最成功的人是那些参与某些事情的人。我们要真正加入这个世界,成为世界的一部分,而不是与世隔绝。最有趣、最能激励人的就是那些对周围发生的事情非常感兴趣的人。有天早上听广播时,美国监狱管理局的负责人在接受采访,谈到了刑罚改革。我个人对这个话题没有兴趣(我不认识监狱里的任何人,那儿离我的生活太远了)。你可能会说,我不需要知道美国监狱的情况,就像那位老妇人不需要知道个人身份识别码一样。但我觉得保持好奇心会让我充满活力,这不是什么坏事儿。

对外部世界感兴趣是为了你的自我发展,
而不是为了世界的利益。

法则
009

绕开野兽，与天使同行

我们每天都面临无数选择。每一件事都可以归结为一个简单的选择：是站在天使这边还是站在野兽那边？你会选哪个，还是你根本没意识到发生了什么？让我解释一下吧。我们的每一个行为都会对我们的家庭、周围的人、社会乃至整个世界产生影响。这种影响可能是积极的，也可能是有害的——通常是我们的选择。有时这是一个艰难的选择。我们在自己的欲望和他人的利益之间纠结，在个人的满足和慷慨大方之间左右为难。

听着，没人说这很容易。选择站在天使一边往往是一个艰难的决定。但如果我们想在生活中取得成功（我衡量成功的标准是我们离自我满足、幸福、知足的距离有多近）就必须慎重地做到这一点。这就是我们绕开野兽，与天使同行的原因。

如果你想知道自己是否已经做出了选择，只需要快速审视一下自己的感受：如果有人在交通高峰时段插队到你的前面，你会作何反应；或者，当你很匆忙，有人停下来向你问路的时候，你会作何反应；或者，如果家有少男少女，其中一个和警察发生了冲突，你会作何反应；或者，当你借钱给朋友，他们却不还的时候，你会作何反应；或者，如果你的老板在其他同事面前叫你傻瓜，你会作何反应；或者，邻居家的大树开始侵占你家的地盘，你会作何反应；或者，你用锤子砸到了自己的大拇指，你会作何反应；或者，想象一下更多的倒霉事儿。正如我所说，这是我们每天都要做的选择，而且是很多次的选择。它必须成为一种慎重的选择才能发挥作用。

现在的问题是没有人会告诉你天使或野兽到底是什么样子。在这里，你要设定自己的参数。这并不是多么难的一件事。我认为其中很多都是不言而喻的。它会伤害你还是阻碍你？你是问题的一部分还是答案的一部分？如果你做了某事，局势会变得更好还是更糟？你必须独自做出这个选择。

重要的是你对天使或野兽的诠释。告诉别人他们站在了野兽一边是没有意义的，因为他们可能对天使和野兽有着完全不同的定义。别人做什么是他们自己的选择，他们不会感谢你的忠告。当然，你可以作为冷漠的、客观的旁观者，观察之后暗自想："我是不会那样做的。""我认为他们只是选择成为天使。"你甚至可以说："天哪，太可恶了。"但你什么都不用说。

我们在自己的欲望和他人的利益之间纠结。

|

奋斗吧，不做随波逐流的死鱼

生活是艰难的。感谢老天，幸亏有这样的法则。如果一切都空洞且轻松，我们就不会在生命的烈火中经受考验、检验和锻造。我们不会成长、不会学习、不会改变，也不会有超越自我的机会。如果生活是一连串美好舒适的日子，我们很快就会感到厌倦。如果不下雨，那么，我们就不会期待雨停之后去海滩，因此也不会有任何喜悦的感觉了。如果一切都很容易，我们就不会变得更强大。

所以，要心存感激。有时，人生就是一场奋斗，我们要意识到只有死鱼才会随波逐流。我们就像水中畅游的鱼，有时会遇到上坡，这是一种逆流而上的挣扎。我们将不得不与瀑布、堰坎和汹涌的激流做斗争。但我们别无选择。我们必须不停地游啊游啊，否则就会被大浪冲走。鱼尾的每一次摆动，鱼鳍的每一次拍打，都让我们变得更强壮、更健康、更苗条、更快乐。

有一项统计数据表明，对很多男性来说，退休的想法真是个歪点子。他们中的许多人在交出公文包之后不久就死了[⊖]。他们不再逆流而上，必然会被大浪冲走。小鱼儿，继续游呀！

　　试着把每一次挫折看作是一次进步的机会。每次挫折会让你更坚强，而不是更软弱。你只能承受你所能承受的负担——尽管这种负担有时似乎比你承受的要多得多。当然，人生中的奋斗不会结束，但中途可以稍作休息——在遇到下一个障碍之前，我们可以休息一会儿，享受这一刻。这就是生活，这就是人生的意义：或奋斗，或小歇，如此循环。不管你现在的处境是什么，一切都会改变。你在做什么？小歇还是奋斗？享受下雨天还是雨后去海滩？学习还是娱乐？是一条随波逐流的死鱼还是一条健康的鲑鱼？

　　这就是生活，这就是人生的意义：
　　　　或奋斗，或小歇，如此循环。

　　⊖　我不知道这对女性的影响是否同样不利。你可以写信反驳。

法则
011

|

你且先别大喊大叫

这对我来说真的很难。我真的很喜欢大声喊叫。我来自一个粗野的庞大家族，在那里，大声喊叫是一种生活方式，也是让自己被人听到、得到关注或表达观点的唯一方式。不正常吗？是的。很吵吗？是的。有用吗？可能没有。

我的一个儿子遗传了大喊大叫的基因，他非常擅长大喊大叫，总是挡不住诱惑而参与争吵。幸运的是，这条法则是你且先别大喊大叫，所以我有了一项免责条款。如果他先大喊大叫，我也可以跟着喊叫。但我真的很努力不去大声嚷嚷。对我来说，任何形式的大喊大叫都是一件坏事，这表明情绪失控了，争辩力变弱了。有一次，一位牧师的儿子看到了他父亲的布道笔记，在空白处用铅笔写了一句："大喊大叫，争辩力弱爆。"我想这几个字的总结很到位。

但我在不同的场合喊叫过，每次都免不了后悔。记得有一次，我在一家知名的商业街电器连锁店里对着一台损坏的 DVD 播放机大喊大叫。那时候我确实为所欲为，但现实是，这是一件坏事，我在内心深处为自己感到羞愧。

那么，如果你也像我一样遗传了爱喊的基因，该怎么办呢？我发现，在具有挑战性的情况下，我必须走开，以防止自己不可避免地变得大喊大叫。这很难，尤其是你知道自己有理的时候。有太多的事情让我们大喊大叫，有太多的情况让我们觉得合理的暴怒会让我们想怎么样就怎么样。但我们面对的是活生生的人，他们有自己的感情，大喊大叫是不合适的，即使是对方先开口吵架，你也不可以乱嚷嚷。

人们在两种情况下会发脾气：理直气壮和控制欲强。第一种是你开车碾过他们的脚，拒绝道歉或承认你做错了什么。在这种情况下，他们可以大喊大叫。第二种情况是人们利用愤怒来达到自己的目的，这是一种"情感勒索"。你可以忽略他们或者果断地控制局面，但你不能大声回嘴。

我知道，在很多情况下大喊大叫似乎都是合适的。比如，狗在偷星期天的晚餐；孩子们不会收拾自己房间；你的电脑又死机了，维修部门修理得不够快；当地的小流氓又在"装饰"你家的墙壁了；在无数的选项中反复选择之后，你在等待20分钟后仍然无法接通总机；你刚走到柜台，他们就挂起了打烊的牌子；有人显然在装蠢，故意误解你的话。

这样的例子数不胜数。但如果你把这条法则看作是简单的"我不大喊大叫"，它就会成为一个很容易坚持的基准。你被认为是一个无论发生什么都异常冷静的人。冷静的人会得到信任；冷静的人会被人依赖；冷静的人会受到尊敬并被赋予责任；冷静的人能坚持得更久。

————

任何形式的大喊大叫都是一件坏事，
这表明情绪失控了。

法则
012

做自己的顾问

我们每个人的内心深处都有一汪智慧之泉，这就是所谓的直觉。听从自己的直觉是一个缓慢的学习过程。当你做了不该做的事情时，你首先要意识到那个微弱的内心声音或感觉，它会告诉你答案。这是一种非常安静的声音，需要静心和专注才能听清楚。

如果你愿意，可以称之为良心。在内心深处，你知道自己做了什么坏事。你知道什么时候该道歉、该赔罪、该纠正错误。你知道，我也知道你知道，因为我们都知道这是无法逃避的。

一旦你开始倾听内心的声音，或者感受这种感觉，你会发现它会有所帮助。它将不再是那只呆头呆脑的鹦鹉。你是否还记得它曾站在你的肩膀上，总是在事后念叨着"你又搞砸了"？关键是，在你做一件事之前，让你的直觉告诉你做这件事是否正确。

在做事情之前，试着让你的内心感受一下，看看你会有什么反应。一旦你习惯了这一点，你会发现自己更容易把事做成。在任何情况下，想象一下有一个小孩站在你身边，你必须向他解释发生的事情。想象他会问："你为什么要那样做？什么是对，什么是错？我们应该这样做吗？"——你必须回答这些问题。只有在这种情况下，你才可以自问自答。你会发现自己已经知道了所有需要知道的事情。

听，你想知道的都在你的答案里。如果你要相信一个顾问，那会是谁？当然是你自己，道理很简单，因为你自己掌握了所有的事实、所有的经验、所有的知识。其他人都没有。没人能进入你的身体，看清楚你的内心到底发生了什么。

这里需要澄清一点。当我说"倾听"时，我并不是说倾听你的脑海里的所有想法。这才是真正的疯狂行为。不，我是说倾听更安静的声音。对一些人来说，这更像是一种感觉，而不是一种声音——我们有时称之为直觉。即使它是一个声音，很多时候它根本不说话——不像我们的大脑，不停地胡言乱语；即便这个声音说话了，你也可能会在大脑产生的语言洪流中错过它。

这并不是预测将会发生什么。你不会知道哪匹马会在切普斯托障碍赛马中赢得 3.30 分，也不会知道谁会在赛马杯赛决赛中得分。不，这才是重要内容：我们要做什么？我们要做什么重大决定？我们为什么要这样做？如果你这么问自己，你就已经知道答案了。

你知道，我也知道你知道，
因为我们都知道这是无法逃避的。

法则
013

不害怕、不惊讶、不犹豫、不质疑

这条法则源自 17 世纪的一位武士。下面是他在人生和剑术上获得成功的四大关键点。

- 不害怕。生活中不应该有你害怕的东西。如果有，你可能需要做一些努力来克服这种恐惧。在这里我得承认我有恐高症。我尽量避免去高处。最近，由于排水沟漏水，我不得不爬上三层楼高的屋顶，而屋顶一侧非常陡峭。我咬紧牙关，不停地重复"不要害怕，不要害怕，不要害怕"直到任务完成。哦，是的，我当然没有往下看。无论你害怕什么，都要直面它、战胜它。

- 不惊讶。生活似乎充满了惊讶，不是吗？你正在平稳地前进，突然有一个巨大的东西在你前面冒了出来。但如果你仔细观察，一路上都有迹象表明它会发生。那就不足为奇了。无论现在如何，你的处境都在不断变化。这没什么好惊讶的。那么，为什么生命总是让我们感到惊讶呢？因为我们一半的时间都在睡觉。时刻保持警惕，就没有什么能悄悄靠近你。

• 不犹豫。权衡一下某事的可能性，然后勇往直前。如果你退缩，机会就会溜走；如果你花太多时间思考，就永远不会采取行动。一旦我们看到了选项，我们就会做出选择和决定，然后放手去做。这就是秘诀。不犹豫意味着不等待别人来帮助我们或代替我们做决定；不犹豫意味着如果某种情况有一定的必然性，那就放任自己去享受这个过程。如果无事可做，等待也无济于事。

• 不质疑。一旦你对某件事下定决心，就不要反复考虑。停止思考，尽情享受——要放松，也要放手。别担心，明天一定会到来。生活不需要质疑。要自信，要坚定，要对自己有信心。一旦你确定了自己的路线、途径、计划，那就坚持到底。不质疑自己做得对不对，不质疑自己会不会成功。请放手去做，并完全相信自己的判断。

时刻保持警惕，就没有什么能悄悄靠近你。

|

我希望自己不曾错过

我曾经有过些许遗憾……你可能希望我说没有后悔的余地，或者"如果……就好了"。如果你选择使用"我希望自己不曾错过"来改变未来，会很奏效。

有三类"我希望自己不曾错过"的场景。第一类是当你真的觉得你没有利用好一个机会，或者你错过了一些东西。第二类是当你看到某人做了一些很棒的事情时，你希望那个人是你。最后一类场景不适合你，而是另一些人——他们总是抱着一种"我本可以成为一个竞争者"的心态。要是我曾有过机会、机遇和幸运转机，那该多好呀！对于最后一组人来说，坏消息是即使幸运女神出现并牵起他们的手，他们还是会错失良机。

当谈到如何看待别人取得的成就时，这个世界上有两种人，一种是心生嫉妒的人，另一种是把别人当作激励动力的人。如果你说："我希望自己也曾做过（想过、去过那里、看过、经历过、遇见过、理解过）"，那么，接下来你得说："而现在，我要……"

在很多情况下，你希望自己做的事情也许不是不可能，即使它不完全像是你以前会做的事情。例如，如果你在想"我希望我能在上大学前休一年假，像某人那样去中国旅行"，那么，你显然无法让时间倒流。但是，你能不能请六个月的假，现在就走呢？你能不能休一个比平时更长的假期（如有必要，可以和家人一起）呢？或者，你能不能制订一个坚定的计划，当你退休时，你会把这件事放在"待办事项"清单的首位呢？

显然，如果你遗憾的是自己没有赢得奥运会 400 米金牌，因为你在 14 岁时放弃了田径运动，那么现如今 34 岁的你势必无法弥补这个缺憾。你能做的就是下定决心，不再让任何机会从你身边溜走。因此，你可以选择上潜水课，这样做可以确保你不会在 20 年后说"我要是学过潜水就好了"。

———————

当谈到如何看待别人取得的成就时，
这个世界上有两种人，一种是心生嫉妒的人，
另一种是把别人当作激励动力的人。

法则
015

放弃也是一种选择

你听到过有人考驾照 35 次都没考过的故事吗？虽然你很钦佩他们的坚持，但你难道一点也不好奇他们为什么不放弃吗？这些人显然不适合在满是孩子、老人、狗和灯柱的街道上驾驶又大又重又危险的"机器"。即使他们最终通过了驾照考试，你也会有一种侥幸的感觉，你可能仍然不想成为他们下次旅行的乘客。

实际上，如果这些人举起手（有人会这样的）说："你知道吗？这不适合我。我要去买一辆自行车和一张公共汽车季票。"我会为他们的自知之明而喝彩。我不会称他们为放弃者，也不会批评他们缺乏决心或动力[⊖]。他们只是清楚明了地接收到消息，并且有良好的判断力，不会去忽视有用信息。

有时，我们在人生的道路上走错了方向，但往往是出于最好的动机。也许在我们尝试之前根本不知道这条路错了。一旦我们意识到这并不能让我们到达我们想要的地方，承认这一点并不可

⊖　抱歉，我无法抗拒他们的勇气。

耻。如果你意识到某门大学课程不适合你，或者你没有做好这份工作的能力，或者你搬到一个新的城市但并不顺利，或者你在地方议会投入的时间给你的家庭带来了太多的压力，那么，你需要勇敢地说出来。那不是放弃，而是勇气。

放弃是因为你不想付出努力、不想被打扰、不喜欢努力工作、害怕失败而投降。身为人生法则玩家，我们不会放弃。我们坚定了决心，要毫无怨言地一直努力下去。

然而，优秀的人生法则玩家知道何时会垮掉。如果世界告诉你走错路了，那就诚实地承认，让自己走上一条不同的道路。没有人能样样都出色，有时你必须尝试一些事情，看看自己是否能做到。也许你做不到。

几年前，英国的一位政府要员辞去了她的职位，她说她只是"不能胜任这份工作"，这句话后来成为享誉世界的名言。我从来没有给过她多高的评价，但她的坦诚让很多人（包括我）对她的评价大大提高了。这需要勇气。也许她并不擅长领导一个政府部门，但在诚实、勇气和自知之明方面，她肯定与大多数政治家不同。这个杰出的例子告诉大家，如果你在正确的时间以正确的方式放弃，你就会表现出性格的力量，而不是软弱。

优秀的人生法则玩家知道何时会垮掉。

法则
016

数数或唱歌——静下来，
一切都会好

时不时地就会有人或事让你生气。但你现在是人生法则玩家了，不会再让自己的情绪失控了。具体是怎么做到的？答案来自古老的智慧箴言。你养成了一口气数到十的习惯，同时你希望并祈祷即将到来的愤怒会消退。这样做总是对我有用，让我在关键的几秒钟内恢复镇静，记起我是谁、身在何方。一旦我冷静下来，我就能找到恰如其分的应对方式。

你最好先一口气数到十。"老掉牙的办法！"也许你会这么吐槽。但这真的有效。你不喜欢吗？那你最好找点别的东西小声背诵。也许是一首诗，但一定要短。所以，我建议你低声吟唱儿歌。你也可以试着说："我得再去一趟海边，去邂逅那孤独的大海和天空，我把鞋子和袜子落在那里了，不知道它们干了没有？"[⊖]你可能会觉得这种想法很好笑，但这样可以让你平静下来。

⊖ 为此向英国桂冠诗人约翰·梅斯菲尔德（John Masefield）道歉，但
要归功于喜剧演员兼剧作家斯派克·米利根（Spike Milligan）。

有人问你问题，你不确定答案是什么，怎么办呢？十分钟后再回答。如此，对方会觉得你非常聪明，考虑周到（不要告诉他们，你实际上是在背诵儿歌）。这也是"开口前先动动脑子"的变体——长时间的停顿可以省去无尽的麻烦。

如果你发现自己处于对抗状态，安静地休息十分钟会有很大帮助。我曾驻足于一个城镇的贫民区，那时的我饥肠辘辘，只好硬着头皮走进一家炸鱼薯条店。当服务员帮我打包时，我身后有一个"刀子嘴豆腐心"的好心人低声告诫我在离开商店时要非常小心。我问他为什么，他说，当我走到外面时，我的食物就会被当地的小伙子们抢走，他们就坐在我要经过的那堵砖墙上。"他们不想排队买炸鱼和薯条。"他透露道。

我带着恐惧离开了商店——不，其实是害怕。但我扣上外套，深吸一口气，站在那里看着那些年轻人。我慢慢地数到十，大家都面面相觑，然后我坚定地走向他们。当我一边数数一边走到他们跟前时，他们却转身离去，只剩下我一个人享受美食。天啊，那些炸鱼和薯条味道太棒了！

————

一旦我冷静下来，我就能找到恰如其分的应对方式。

法则
017

改变你能改变的，其余的请放手

　　人生短短几十载。这是另一个你无法逃避的事实。匆匆一世似烟云，不要浪费任何宝贵的时间。根据我的观察，成功的人是那些能从生活中榨取每一丝满足感和每一股能量的人。他们关注生活中自己能控制的事情，然后简单地放弃其他事情，旨在节约时间。

　　如果有人直接向你寻求帮助，那么你可以帮忙或者不帮忙，这取决于你的选择。如果全世界都向你求助，那你能做的就很少了。为此而自责会适得其反，而且会浪费时间。现在，我并不是说要你停止关心某些事情或者远离那些需要帮助的人。事实上，在很多方面恰恰相反，但有些领域你可以有所作为，而有些领域你永远不会有任何进展。

　　如果你把时间浪费在努力改变那些显然永远不会改变的事情上，那么生命就会飞逝而过，你的一生就会蹉跎而过。另一方面，如果你把自己奉献给那些你可以改变的事情和有所作为的领域，那么你的生活就会变得更加丰富和充实。奇怪的是，生活越丰富，你似乎拥有的时间就越多。

显然，如果我们很多人聚在一起，就可以很好地改变任何事情，但是，本条法则是为你个人服务的，提示你可以改变什么。

如果你能得到总统或总理的倾听，就可能会制定影响整个国家的政策；如果你能得到教皇的支持，可能就会参与下一个教皇诏书的制定；如果你能得到将军的关注，也许就能避免一场战争；如果你能得到编辑的赏识，你的名字就有可能登上报纸；如果你能引起领班的注意，可能就会得到最好的职位。以此类推。你能得到谁的倾听？你有什么样的影响力？你可以利用这种影响力带来什么样的改变？

我们常常只能得到自己的关注。我们唯一确定的影响对象就是自己。我们唯一能真正改变的人就是自己。太棒了！真是行善的好机会！真是做出实际贡献的好机会！从我们自己开始，然后向外传播，这样我们就不用浪费时间对别人说教了。我们不需要在那些我们无法控制、无法肯定会成功的事情上浪费时间、精力或资源。我们可以通过改变自己来掌控结果。我要的是结果！

───────

如果你把自己奉献给那些你可以改变的事情
和有所作为的领域，那么你的生活就会变得
更加丰富和充实。

法则
018

争取把每件事都做到最好

这是一个多么高的要求啊！它需要从容谨慎的态度。如果你去工作，那么就尽可能地做好自己的工作；如果你为人父母，那就尽可能地做最好的父母；如果你是一个园丁，那就尽你所能成为最好的园丁。如果不力争做到最好，那么你的目标是什么？如果你开始做某件事（或任何事），而你却故意把目标放在次好上，这是多么可悲的事情啊！本条法则非常简单、非常容易。让我们以养育子女为例。最好的育儿方式是什么？当然，这里没有正确或错误的答案；这完全是一个主观的评估。你知道最好的育儿方式是什么，这很好。现在，你打算把目标定得更低吗？当然不是。

同样的道理也适用于其他事情。你的目标是尽力做到最好。一旦你成为评委、专家小组成员，就很容易达到这些期望，因为这完全是你的期望。没有人能说你是成功了还是失败了，也没有人可以为你即将开始的事情设定标准。

听着，也许这是个圈套。如果你能判断自己是否成功，那么很明显，你每次都会给自己打满分。不是吗？可能不是。当没有人注意的时候，我们会对自己很严厉。真是不可思议。如果我们只是在欺骗自己，那么我们就会意识到这样做根本没有任何意义。

给自己制定标准最奇妙之处在于没有人能评判你，没有人能用他们黏糊糊的小指头指着你，并判断你的对与错、好与坏。这是多么自由啊？无限自由。你已经确定自己在追求最好的目标并设定了标准，所要做的就是定期检查自己做得如何。

这些都不需要非常详细。例如，你对成为最好的父母的看法可以简单到"我会永远陪伴在孩子身边"。你不需要提供细节，比如你一天对他们说多少次你爱他们，或者你是否确保他们每天都穿干净的袜子。不，你的目标只是永远陪伴在他们身边，这就是你最好的表现。如果你没有做到，那只是因为你没有陪在他们身边。做不到也没关系，但我们要以做到最好为目标。

你所要做的就是清楚地思考你在做什么，然后朝着这个目标努力，并做到最好。秘诀是要意识到你在做什么，并在你（也只有你）监控自己表现的地方制定某种标准。让你的目标简单，明显可以实现。你要确保自己知道什么是最好的、什么是次好的。

————

追求最好，做不到也没关系，
但我们要以做到最好为目标。

法则
019

不要期望完美

嗯，是的，你的目标是在每件事上都做到最好。但是，如果你做不到呢？只要你努力过，失败了也没关系。你见过谁做任何事都不会失败吗？哪怕是小事也可能会出纰漏。你可以做个普通人。事实上，我们不要试图把自己凌驾于他人之上，我们都会时不时地遭遇失败。

如果你在任何方面都不是一个完美主义者——邋遢、随意、无组织、凌乱，并且抱着"那又怎样"的态度——请跳过这节内容。但我几乎不认识那样的人。我的一个朋友是银匠。他的房子总是脏兮兮的，他的个人生活也是一团糟，但他制造的每一件珠宝都必须是绝对完美的。我们大多数人都有一些完美主义倾向。

我的这位朋友要求他的每件作品都必须是完美的（当然要配得上他索要的价格）。如果某件商品有瑕疵，那就不应该上架。但这并不意味着他应该因为失败而自责。他只能意识到并不是每件珠宝都完美，然后，他会着手下一件作品。

我不能忍受看起来完美的人，他们让我觉得自己不够格。这不是一种美好的生活方式，不是吗？所以我们不要这样做。让我们都以"成为最好的"为目标，但要承认这并不总会发生。就像宝石一样，缺点、弱点和不完美赋予了它的个性。宝石的瑕疵可能会降低它的价值（虽然并不总是这样），但也证明了这是真品。

你就是自己生命中所发生的一切的总和——成功和失败，成就和错误。如果你从这个等式中去掉任何不完美的部分，你就不是你了。

这条法则确实与前一条法则有关，因为我并不是说你可以因为不需要完美而对自己所做的一切都不负责任或三心二意。作为人生法则玩家，我相信你不会这么想。关键是，只要你以做到最好为目标，即使你不能总是做得到，也不必自责。不仅如此，你还应该庆幸自己的缺点和不完美是你重要且必要的一部分。我可以告诉你，这种态度会让你身边的人更加开心。

庆幸自己的缺点和不完美是你重要且必要的一部分。

法则
020

白日梦也是梦，不要限制你的梦想

这条法则似乎非常明显，也非常简单，但你会惊讶有很多人严重限制了他们的梦想。计划必须切实可行，梦想则不然。

我在赌场工作了很多年，一直对"赌客"（我们真正应该称之为"客户"）永远不会明白这一点感到好奇：他们总是会输，因为他们不会限制自己的损失，却总是限制自己的收益。别问我为什么。我想，赌博上瘾者真的很差劲。他们会以"输掉这5美元就停手"的态度入场。结果是：他们会失去那5美元，然后兑现一张支票去追本，如此循环往复。

顺便说一下，我不是在提倡赌博——现在不是，永远也不是。相信我，这真不是什么好主意。关键是人们限制梦想的方式就像他们限制自己赢钱的方式一样。然而，在最坏的情况下，梦想是无害的。不要限制你的梦想，不管你的梦想有多高、有多宽、有多大、有多奢侈、有多不可能、有多古怪、有多愚蠢、有多离奇、有多不切实际。

你也可以许下任何你想要的愿望。听着，愿望和梦想都是私事。世界上没有"愿望警察"和"梦想医生"来检查你的梦想是否符合实际。这是你和自己之间的私事。就是这样。绝对没有人知道你的秘密。

这里唯一需要注意的是——我确实是从个人经验出发——要小心呵护你的希望、梦想，因为梦想成真也是可能的。那时你会在哪里？

很多人认为，梦想必须是切实可行的，这样才值得你去做梦。但切实可行的梦想其实就是个计划，是一个完全不同的东西。我有计划，并采取合乎逻辑的步骤来实现计划。我们有梦想，允许梦想不可思议，甚至永远不可能实现。不要认为整天坐在那里做白日梦就永远不会有任何成就。一些最成功的人也是那些最敢于做梦的人。这不是巧合。

计划必须切实可行，梦想则不然。

法则
021

如果你想跳水，
一定要知道水有多深

不错，我一直是一个冒险家。有人可能认为我太爱冒险了。从长远来看，我没有后悔我在生活中所做的事情，因为它们造就了现在的我。无论如何，我永远不知道另一种选择会给我带来什么。然而，在短期内，我经常在想："你这个笨蛋！你怎么没料到呢？"

答案就是，因为我在跳水之前没有检查水有多深。有一段时间，我放弃了一份很好的稳定工作，成为一名作家。但我没想过当个作家要多久才能赚到钱[⊖]。我没有计划好我的存款是否够用，没有计算过在新的生活方式下抵押贷款、账单、每周购物、汽车、宠物食品和所有其他费用会花我多少钱。最终我开始靠写作谋生，但我可以告诉你，刚开始的几年很难熬。

我一直很害怕成为从不冒险、从不去任何地方、从不改变、从不成长、从不做任何事、从不实现自己的梦想的人。我已经见

⊖　如果你想知道，答案是好几年后才能赚钱。

过太多这样的人了，我不想把我的名字添加在这样的黑榜中。但这些年来，我注意到真正快乐的人是那些敢于冒险的人，当然，他们首先要向前看。不是找借口留在岸上，而是看看水有多深。当我学会（学得慢，献丑了）模仿这些榜样时，我发现这也让我更快乐。我得到了我想要的东西，而且没有像以前那样付出沉重的代价。

我过去很容易上当受骗。朋友们都说："跳进来吧，河水真美！加入我们的商业冒险（假期或游戏）吧！"我看都没看就跳了进去。事实证明，河水实际上是冰凉的、浑浊的、泥泞的、湿腻的。我总是湿透。啊！也有朋友要求我用自己没有想过的方式支持他们。当你的朋友有困难的时候，帮助他们是一种本能，但有时候，一笔不还的贷款超出了你的承受能力，或者花时间倾听他们的烦恼占据了你生活的大部分时间，也让你的家人苦不堪言。

所以，无论你是和朋友一起跳，还是自己一个人跳，都要先检查一下水的深度。也许河水确实很美，但有时，你最好站在岸边，把脚趾伸进水里，或者用脚划一划水，这样你就更清楚自己要跳进什么样的水里了。

——————

有时，你最好站在岸边，把脚趾伸进水里，
或者用脚划一划水。

法则
022

—

不要沉湎于过去

　　不管过去如何，都已经过去了。你无法改变任何已经发生的事情，所以你必须把注意力转向此时此地。人们很难抵挡住沉湎于过去的诱惑。但是，如果你想在生活中取得成功，就必须把注意力转向你身上正在发生的事情。你可能会沉湎于过去，因为它是糟糕的，或者因为它是美好的。不管怎样，你都得把它抛在脑后，因为唯一的生活方式就是活在当下。

　　如果你因为后悔而重新审视过去，那么你需要清楚的是，你无法回到过去并撤销你所做的一切。如果你一直耿耿于怀，就只会伤害自己。我们都做过错误的决定，这些决定对我们周围的人产生了负面影响，我们声称爱他们，却不厚待他们。我们做什么都无法将往事一笔勾销，能做的就是下定决心不再做这样糟糕的决定。这是所有人都能要求我们的——我们承认自己搞砸了什么，并尽最大努力不再重蹈覆辙。

　　如果过去对你来说更好，你渴望辉煌时光，那么学会欣赏回忆，但也要继续前进，努力寻找现在的美好时光。如果那时候真的更美好（暂时摘掉那些玫瑰色的眼镜），也许你可以准确地分析原因——金钱、权力、健康、活力、乐趣、青春。然后，你要继续寻找其他途径去探索。你必须把好的东西抛在脑后，寻找新的挑战和新的领域来激励自己。

我们每天醒来都是一个新的开始，可以利用它来做我们想做的事情，在那张空白的画布上写下我们想要的。保持这种热情是很困难的，这有点像锻炼身体。最初的几次是难以想象的困难，如果你坚持下去，有一天你会发现自己会不自觉地慢跑、散步、游泳。但是，开始真的很难，需要巨大的专注力、热情、奉献精神和毅力来坚持下去。

试着把过去看作一个房间，和你现在住的房间分开。你可以进去，但你不住在那里。你可以去参观，但它不再是你的家。现在的每一秒都是珍贵的。不要因为在那间旧房间里待太久而浪费任何宝贵的时间。不要因为你太忙于回顾过去而错过现在正在发生的事情，否则以后你会忙着回顾这段时间，想知道你为什么浪费了这段时间。活在这里，活在当下，活在这一刻。

———————

活在这里，活在当下，活在这一刻。

法则
023

不要活在未来

如果你认为上一条法则执行起来很难，那就试试这条法则吧！"但是，未来才是一切发生的地方！"我听到你们的叫嚷声了，"未来的我将会成功、快乐、富有、美丽、出名，还会恋爱，也有工作，摆脱某段糟糕的关系，到城里去，朋友成群，美酒环绕。"是的，这些可能是计划或梦想之类的。可是，当下才是梦想的实际位置。这是你一生都在等待的时刻，是你必须珍惜的时刻。看，渴望真的是最甜蜜的事情。拥有这样的梦想是很美好的。不要让任何人告诉你做梦是件坏事。但你要明白，现在正在做梦的是你自己。享受此刻的愿望和渴望。享受活着的感觉，拥有做梦的力量和能量。

活在当下并不意味着抛弃你所有的责任和忧虑，不意味着脱离现实并成为一个彻彻底底的享乐者，也不意味着盘腿而坐进行深呼吸。当然，如果你愿意，所有这些事情你都可以做。活在当下只是意味着每隔一段时间就花一两个时刻来欣赏活着的意义，并把今天当作重要的日子，充分享受人生，就在此时此地。

我们不能把所有的幸福都寄托在未来——"哦，如果我更富有（更年轻、更健康、更苗条、更高挑、更性感、更快乐、更友爱、头发更浓密、牙齿更光洁、多一些漂亮的衣服、少一些糟糕的关系、工作更好、汽车更豪华、孩子更可爱）"——这个清单是无止境的。只要这个或那个改变了，一切就都完美了，不是吗？不幸的是，事实并非如此。当这个或那个改变了，总会有别的东西在等着轮回，把幸福推迟到以后的某个日子。如果你突然发现自己更苗条或更健康了，那么你可能会发现自己想要变得更富有，或者想要你的伴侣更爱你。你会找到其他让你快乐的愿望。

忘掉更大、更好的愿望吧！关键是要珍惜你现在所拥有的东西，同时还要有梦想和计划。这样，现在的你会比不断展望未来的时候更快乐一点，因为幸福显然存在于未来。

不要以为我不再许愿，事实并非如此。我也需要减掉几磅（1磅 =0.45 千克），当然要变得更健康，得到更多的东西（以及我们都喜欢的东西）。但我也珍惜我现在的样子，感激我现在所拥有的一切，因为这是真实的（这是秘密）。现在的我才是真正的我，未来的我还没有出生，也可能不会出生（你的意思是我可能不会减掉多余的体重或变得更健康？是的）。我现在拥有的东西至少是真实的、有形的、坚实的。梦想是伟大的，但现实也是美妙的。

———————

梦想是伟大的，但现实也是美妙的。

法则
024

时光荏苒，你要勇往直前

每一天，每一秒，时光都在以惊人的速度呼啸而过，而且速度越来越快。我曾经问过一位 84 岁的老人，是否随着年龄的增长，生活节奏变慢了。他的回答不堪入耳，但他毫不含糊地向我解释说，时间的流逝非但没有变慢，而且还在加速。我有时会想，我们是不是没有加快起飞的速度？希望你明白，我指的是起飞前的一种助跑。但是，如果你想让人生成功、快乐、充实、有意义、充满冒险和回报，那么，你的法则就是勇往直前。我相信你知道，否则你就不会读这篇文章了。

那么，我们该怎么继续生活呢？最简单的方法就是用同样的方法继续做我们该做的事情。我们首先设定一个目标（靶子、目的地），制订一个计划，采取一系列行动来实现我们的目标。然后，勇往直前。

想象一下，你是一家大公司的项目经理，公司想让你组织一场展览。你应该首先明确公司想从展览中得到什么，它的预期目

我发现我的孩子们帮了我很大的忙[⊖]（如果你没有孩子，就得更努力地找出自己的矛盾之处）。如果你正在和孩子们争论一个自相矛盾的观点（这确实是一种委婉的说法），就可以依靠他们来提请你注意自己的论点中任何自相矛盾的地方，或者你现在告诉他们的和你自己昨天做的之间任何不一致的地方。自相矛盾和虚伪之间只有一线之隔，非常微妙，我们越清楚自己相信什么以及为什么，我们就越容易在思考、说话和行动上保持一致。

例如，你的孩子指出，如果他们在背后抱怨同学，你就会批评他们，但你昨晚在电话里对你的妈妈抱怨了一个同事。你可能需要想想背后的抱怨和急需的牢骚之间的区别，然后确保你和你的孩子在你允许的事情上保持一致。

还有一件事。如果你的言行始终如一，其他人的生活会更轻松。飘忽不定的人很难对付，也很难相处。喜怒无常的人也是如此。如果你的朋友和家人不能预知你每天对同一件事或同一个建议的反应，他们就会陷入紧张不安的生活。除非你是个隐士。我并不是说你要变得枯燥乏味、易于预测。你的想法、活动和热情是不可预测的，也是令人着迷的。只是你对他人的行为需要真实可信和前后一致。你有潜力让身边人的生活更丰富、更轻松、更美好，或者更黑暗、更棘手、更疲惫。你会选择哪一个？

如果我们的任性让我们迷了路，选择路线也无济于事。

⊖　看！我向来就知道，小家伙们迟早会派上用场的。

法则
026

每天都要隆重打扮自己

今天是个重要的日子。今天是你唯一有现实意义的一天。你为什么不把它当作重要的日子来看待呢？今天真的很重要，所以你要精心装扮。不，我指的不是我的母亲过去常对我说的那种"一定要穿上干净的内衣，你永远不知道什么时候会被公共汽车撞到"。我小时候就常听这话。当你躺在路上的时候，我看不出干净的内衣有多重要。

很多法则都是关于慎重地选择、慎重地决定、慎重地意识的。我所观察到的那些似乎掌握了"生命"的人都是神志清醒的人。他们是清醒的、有知觉的，知道自己在做什么、要去哪里。如果你也希望你的生活不仅仅是一系列发生在你身上的随机事件，而是一连串充满刺激的挑战、有回报的体验和丰富的经历，那么，你也必须做到神志清醒。

你要做到这一点，就要把每一天都当作重要的日子来迎接。你起床、淋浴、洗脸、刮胡子、化妆、梳头、清洁牙齿等，基本上所有这些事情都是为了让你看起来很好、感觉很好、闻起来很好。然后，你穿得漂亮、干净、利落、时髦，就好像要去参加工作面试、生日聚会或郊游一样。如果你期待地、隆重地、漂亮地为每一天穿好衣服，那么每一天都会变成重要的日子。

如果你精心装扮，人们会对你产生不同的反应，而你也会给以不同的回应。这是一个螺旋式上升的过程。我得强调一下，我们在这里说的不是穿正装。你不必把自己扣得严严实实，这样你会感到不舒服。你只需要穿着得体就行了。

"但是周末呢？"我听到你的疑问了，当然，我们可以放松一下啦！但这并不意味着你应该放任自己。在周末，你会去看朋友和家人（除非你每个周末都独自度过），他们也应该看到你很好看的样子，好像你很重视他们一样。就连你的朋友都不希望看到你邋里邋遢、蓬头垢面、不修边幅、缺乏关爱的样子。这是为你好。如果你把每一天都当成重要的日子来迎接，那么它会给你的自尊、自爱和自信带来奇迹。

但是，我不希望你轻信任何事。不妨试试这条法则，看看会发生什么。如果你在两周内没有振作起来，也没有完全不同的感觉，那么就回到你以前的方式，让这条法则见鬼去吧。但我可以保证你会感觉很好，面对每一天都会精力充沛、干劲十足、兴高采烈。

如果你采取慎重的生活方式，你会发现你很难刻意地随意穿搭。

————

如果你精心装扮，人们会对你产生不同的反应。

法则
027

拥有自己的信仰体系

我不是在这里进行咆哮式的宗教说教或全新的洗脑，也不是怂恿你加入一个奇怪的邪教。这就是我想说的，那些有信仰体系支撑他们度过危机和困难的人比那些没有信仰体系的人做得更好。就是这么简单。

那么，我们所说的信仰体系是什么意思呢？这很难用语言表达。我认为信仰体系就是你对世界、宇宙和一切事物的看法，就是你相信你死后会发生的事，就是你在黑夜、陷入困境时会向谁祈祷的问题。那些驾驭了"人生"这一奇妙事物的人，似乎已经弄清了他们想当然的"人生"的全部内容，至少他们对自己的人生感到满意。他们认为"人生到底是什么"似乎并不重要。你可以相信一个神或许多个神，或者你可以相信某件事或某个人，这都没有关系。我想对你来说，就是这样的，但只要你有信仰，你就会比那些没有信仰的人做得更好。做一个没有方向的探索者是不利于拥有幸福生活的。

我知道你会说："如果我一直找不到答案，没有信仰体系怎么办？我该怎么做？"我猜你还要继续寻找信仰，不过你得赶快把这条法则"打包收好"，因为这是一条重要的法则。抽出一些时间来思考，并确保你会把这条法则放在优先事项清单的首位。

我希望你注意到，我在这里并没有给你任何建议，告诉你应该拥有什么样的信仰体系。任何人都可以，只要他在你困难的时候支持你，回答你关于生活的问题和你对宇宙的意义，并且给你安慰。

你必须对自己的信仰体系感到舒适。选择一个盯着你的一举一动，随时恐吓你以让你屈服的信仰体系，是没有好处的。（抱歉，如果你已经有一个这样的信仰体系，可能需要重新考虑一下。）

你可以想想你的信仰体系是否会让你感到愧疚或不开心，是否会让你切掉自己的身体或者以任何方式肢解或改变你的外表，是否会因为种族或性别而排斥其他人，是否需要任何正式的仪式给你带来它所承诺的安慰。对一些人来说，理想的信仰体系不会包括任何需要崇拜、服从或以任何方式、形状或形式屈服的傀儡。这是个人问题，但值得思考一下你能接受的是什么。

信仰体系的必备前提是有一个信仰。你不需要向任何人证明、证实甚至展示这个信仰，也无须让任何人皈依受戒或向全世界宣讲。你可以自由地从所有其他的信仰体系中汲取一些精华来建立你自己的信仰体系。如果你能做到，那就掺入一点儿有意义的东西。

你不需要向任何人证明、证实甚至展示这个信仰。

法则
028

每天给自己留一点空间

大多数人认为自己明白这一点，但他们可能搞错了。你可能认为你每天都有一点属于自己的优质时间，但我敢打赌你没有。你看，即使在我们独处的时候，我们也花了太多的时间去担心别人，关心我们的家人、朋友和所爱的人，以至于几乎没有时间完全留给我们自己了。我的建议并不具有革命性、艰巨性或极端性。事实上，这很简单。每天给自己留一点空间。也许只留出十分钟（最好是半小时），完全投入到自己身上。自私吗？一点没错。当然，这是理所当然的——你是队长，是引擎，是驱动力，是激励者，是磐石。你需要这段时间去恢复，去更新，去振作自己。你需要休息的时间来充电和修复自己。如果你不这样做，就没有补充新的燃料，你的引擎就会熄火，你也会耗尽自己。

所以，你打算做些什么？答案：无所事事。我的意思是什么都不做。这不是躺在浴缸里、坐在马桶上、冥想、看报纸或睡觉的时间。这是你的一个小空间，一个喘息的空间，一段静静地坐着什么都不做的时间。只要呼吸就好。我发现，每天在花园里坐上十分钟，只是呼吸几次，对身体有很大的促进作用。我坐在那里，不思考、不做事、不担心，只是活着，我在享受活着的乐趣。

我十几岁的时候就想出了这条法则。我发现这是一种非常宝贵的净化自己焦虑和担忧的方式。我母亲过去常对我喊："你在干什么？"我的回答必然是："什么也没干。"她总是这样命令我："哦，到这里来，我给你找点儿事做。"她还曾经这样警告我："如果你埋头读书，你将一事无成。"而我最喜欢她说的一句话是："没有人需要像你一样思考那么多。"换作是你，你会怎样回答我妈妈呢？

我发现无所事事的时间真的很重要，一旦我把这一小块时间复杂化，它就失去了一些意义。如果我在独处的时候喝上一杯咖啡，那么，这就是咖啡时间，而不是一个专属于我的时间。如果我听音乐，那就是音乐时间。如果我有一个同伴和我聊天，那么，这就是一段社交时间。如果我读了报纸，那么我就完全脱离了为自己留一点时间的概念。所以，请保持简单，保持空闲，保持纯净。

你需要这段时间去恢复，去更新，去振作自己。

法则
029

没有计划的计划，只能算个梦想

你得有一个计划。计划是一张地图、一个指南、一个目标、一个焦点、一条路线、一个路标、一个方向、一条路径、一个策略。计划告诉你要去某个地方做某件事，在某个时间到达某个地方。计划给你的人生赋予了结构和形态、庄严和力量。如果你让生活重回旧梦，就会像你想的那样迅速地随波逐流。当然，不是所有的计划都行得通，不是所有的地图都能找到宝藏。但如果你有一张地图和一把铲子，至少比你随便挖——或者像大多数人一样根本不挖——拥有更好的机会。

有一个计划，表明你已经对你的人生有了一些思考，而不是在等待一些事情发生。否则，你会像大多数人一样，甚至不去想这个计划，而是永远对所发生的事情感到惊讶。弄清楚你想做什么，计划一下，制定出实现目标的步骤，然后继续前进。如果你不制订好计划，就永远只拥有梦想。

如果你没有计划怎么办？好吧，你强化了你自己"身不由己"

的感觉。一旦你有了一个计划，其他的一切都会水到渠成。一旦你有了一个计划，实现这个计划的逻辑步骤也变得可用且可行。

计划不是梦想，计划的内容是你打算做的事，而不是你想做的事。有一个计划，意味着你已经想清楚了你要怎么做。

当然，有一个计划并不意味着你必须坚持和遵循，要不折不扣地遵守。当你需要的时候，计划总是可以被审查、被完善、被改变的。这个计划不应该太死板。环境变了，你变了，你的计划也变了。计划的细节不重要，拥有一个计划就好。

有了计划，你就有了退路。当生活变得忙乱时（男孩有时确实如此），人们很容易忘记自己在这里的目的。有一个计划，意味着当尘埃落定时，你可以记得："现在我在做什么？哦，是的，我想起来了，我的计划是……"然后你又出发了，并回到了正轨。

如果你不制订好计划，将永远只拥有梦想。

法则
030

表现出幽默感

这条法则多么重要啊！当我们奋斗着度过此生时（也许是苦苦营生），我们需要对这条法则保持一种分寸感。我们所做的和我们认真对待的事情往往与它的实际意义相去甚远，真是太可笑了。我们陷入琐事中，迷失在无关紧要的细节中，以至于我们的生活匆匆而过，我们甚至没有注意到。放下那些不重要的事情，我们就能回到正确的轨道上。最好的途径就是使用幽默的力量——嘲笑自己，嘲笑我们的处境，但绝不要嘲笑别人，因为他们和我们一样不知所措，拒绝被耻笑。

我们会陷入困境，比如，担心邻居的看法，担心我们缺失的东西或没有做的事情："哦，不，我已经两个星期没洗车了，车很脏，而邻居昨天才洗了，所以，貌似我们真的很邋遢。"如果我们认为自己会变成那样，那么我们确实需要对此一笑置之。活着就是为了生活，享受阳光，做出一番大事业，不会因为鸡蛋掉在超市地板上而心情不好。

嘲笑自己和自己所处的环境，有着翻倍的积极效果。首先，它可以缓解紧张，帮助你恢复分寸感。其次，它对身体和精神都有真正的好处。欢笑可以导致内啡肽的释放，这让你感觉更好，更加憧憬美好的生活。

我并不是说你要一直讲笑话或者讲诙谐的双关语。更多的是，在人生的旅途中，无论生活向我们抛下什么，我们都要看到事物有趣的一面——世间万物都"自带幽默"。有一次，我在一场严重的车祸中失去了知觉，苏醒过来时，我在一家医院的小隔间里承受着巨大的痛苦。当我恢复知觉时，我说了几句尖酸刻薄的话来描述我的病情，就在我发牢骚的时候，护士来了，拉开了窗帘，结果我看见一个修女坐在外面。⊖我感到羞愧，立即道歉。她严肃地看着我，眨了眨眼睛，平静地说："没关系，我说过更糟的话。"

如果你观察人类行为的任何一个方面，就能看到其中的荒谬之处。学会发现事物有趣的一面是立即缓解压力、消除焦虑和疑虑的最佳方法。试试吧！

在人生的旅途中，无论生活向我们抛下什么，我们都要看到事物有趣的一面。

⊖ 与我无关。我后来发现，她正静静地等着另一个修女，而后者因为手指上的一根刺而接受观察和治疗。

法则
031

你铺的床你自己睡

你采取的每一个行动、做出的每一个决定、做的每一件事，都会对你周围的人产生直接影响——也会影响到你自己。这是很重要的一点。有一种东西叫作"现世报"。这是你铺的床，你必须自己躺在上面。总的来说，你的行动决定了你的生活是幸福的还是糟糕的，是平稳运行还是像掉了的轮子一样乱窜。如果你自私且控制欲强，这会反噬到你身上。如果你总是充满爱心且体贴人，就会得到你应得的回报——不是在天堂（或下辈子，或任何你相信的地方），而是就在此时此地。

相信我。无论你做什么、怎么做，你都会得到回报。这不是威胁，只是一个观察结果。行善者，必多福；作恶者，必自毙。我知道我们都可以列举出一些似乎已经成功的卑鄙小人的例子。但是他们晚上不能安然入睡。他们没有真正爱他们的人。他们的内心是悲伤的、孤独的、恐惧的。而那些四处分享爱和善意的人会得到同样的回报。

这有点像那句古老的谚语："人如其食。"你即你所为，行为决定命运。看看那些传播快乐之人的脸，你会看到欢笑和微笑的"笑弧"。看看那些喜欢恃强凌弱、为所欲为、傲慢、苛求或恶毒之人的脸，你会看到痛苦和恐惧的刻痕，以及"锁眉纹"。这些皱纹不会因为面霜、防晒霜或整形手术而消失。他即他所为，你可以从他的眼睛里看出来。当然，你还可以从他铺的床上看出来。

所以，你要谨慎行事。善有善报，善有恶报。这就是现世报。一分耕耘，一分收获。你最好勇敢面对，从一开始就参与其中，每次都做正确的事。你知道什么是正确的事。然后，当你回到自己铺好的床上，你不仅可以安然入睡，而且还能睡得安稳。

每次都做正确的事。你知道什么是正确的事。

法则
032

生活可能有点像广告

有人曾经说过，他花在广告上的钱有一半是浪费了，但他不知道是哪一半。[○]他的观点当然是，如果你不知道是哪一半，那么你必须继续做所有的事情，并充分意识到并非所有事情都能产生回报。人生就是这样。有时这似乎很不公平。你付出了很多努力却没有得到任何回报。你对人很有礼貌，但每个人似乎都对你很粗鲁。你挥汗如雨，而其他人却游手好闲。嗯，你必须坚持百分之百的努力，因为你不知道哪一部分努力会有回报。我知道这不公平，但人生就是如此。你的努力最终会得到回报，但你可能永远不会知道哪些努力得到了回报，哪些努力只是徒劳。

有时我们倾向于认为自己很幸运，但实际上，我们只是因为很久以前的一些努力而得到了回报，而我们已经忘记了那些过往。我们必须继续前进。你不能因为经历了一两次挫折就放弃，因为

○ 我认为他们说的是慈善工业家莱弗汉姆勋爵。

你不知道哪些挫折是重要的，哪些挫折只是小插曲。我想这就像在你找到你的青蛙王子（或公主）之前，你必须认识很多只普通青蛙一样。或者，你必须打开一堆牡蛎才能找到一颗珍珠。

但无论你做什么，都不要因为事情似乎并不顺利而沮丧。只有坚持不懈地努力，最终才会有回报——你永远不知道哪一部分努力会带来最好的回报。

大多数明智而快乐的人会告诉你，有时候你必须做一些不寻求回报的事情，但也会有即时的回报，即我们一直很忙，所以不会陷入麻烦。我们总是寻求成功、奖励和回报，这样会让幸福感下降。有时我们可以为了纯粹的享受而做一些事情。我喜欢画微型水彩画——很小很小的风景画。偶尔会有人过来建议我把画作拿去展览或者出售。每次尝试都是一败涂地，于是我果断放弃了一段时间。待形势明朗，我又会沉迷于绘画，我知道这是我个人的事情，我不再试图出售或参展。绘画是我生活中不以营利为目的的部分，而且非常值得。非展非卖，别人想看也看不到。

你永远不知道哪一部分努力会带来最好的回报。

法则
033

走出你的舒适圈

准备好每天都要勇敢一点。为什么？因为如果你不这样做，就会停滞不前、变得迂腐。我们都有一个舒适圈，在那里我们感到安全、温暖但枯燥。我们需要时不时地走出舒适圈，接受挑战和刺激。只有这样，我们才能保持年轻和良好的自我感觉。

如果我们过于依赖自己的舒适圈，那么它可能会缩小，或者总会被一些不速之客拆除。命运（或者不管是什么）不允许我们过于自满，会时不时地借助巨大的宇宙之力来"踢"醒我们。如果我们偶尔延伸避风港的模糊边界，这一"踢"不会有太大的影响——我们已经准备好了，应付起来容易多了。

此外，扩大你的舒适圈不仅会让你自我感觉良好，也会给你额外的信心。最棒的是，你可以轻松地做到这一点。你不必为了测试自己的舒适圈而去玩滑翔翼或火上行走。这可能很简单，就像自愿做一些你以前从未做过的事情，你会感到有点紧张。它可以是从事一项新的运动或拥有一个新的爱好，也许会涉及加入什么团队。它也可以是做一些你以前只在公司里做过的事情，或者在你平时沉默的时候学习表达自己。

我们给自己施加了很多约束因素，这限制了我们，也阻碍了我们。我们不能这样做，也不会对此感到高兴。接受挑战，扩大我们的舒适圈，让我们走出自我的阴影，不断学习和成长。如果你在积累经验，就不会变得迂腐。

扩大你的舒适圈不仅会让你自我感觉良好，
也会给你额外的信心。

法则
034

学会提问

你可能不喜欢某个答案，但你至少要知道答案是什么。世界上的大多数问题都可以归结为假设。如果我们假设（不，我不会做那种"让你和我都出洋相"的糗事[⊖]），那么，我们会认为我们知情，但实际上我们并不知情。我们假设自己掌握的错误信息是事实，但事情往往会变得更糟。我们假设其他人喜欢我们的计划，但其实他们不喜欢，结果一切都事与愿违。你最好从一开始就提问，以便了解情况。

提问有助于让情况变得明朗。问题会让人陷入困境，这意味着他们必须思考，而思考对每个人来说都是一件好事。提问能帮助人们理清思路。问题需要答案，而答案需要对情况进行全面思考，得出合乎逻辑的结论。

正如一位非常睿智的、对我至关重要的人曾经说过的那样："你越能理解他人的信念、行动、愿望和需求，你就越有可能做出

⊖ 我知道我出过糗，但那是个玩笑。

正确的反应，并在必要的时候改变自己的思维，从而获得成功。"

提问给你思考的时间，给你喘息的空间。与其因为你自以为知情而勃然大怒，不如多问几个问题，找出真相。这样你就能更好地做出理性的、冷静的、正确的反应。

你要分辨出真正的人生法则玩家，他们是在其他人急于应对、惊慌失措、误解形势、假设、失去控制和表现糟糕时提出问题的人。常常问自己问题。问问自己为什么认为自己是对的或错的。问问自己为什么要做某些事情、为什么想要其他的东西、为什么要遵循特定的行动路线。你要坚定而严格地反省，也许别人做不到这一点。你需要提问，我们都需要提问。提问让我们不再假设自己知道什么是对自己最好的。当然，也有停止提问的时候，无论是问别人还是问自己。你必须知道什么时候该抽身。所有这些都需要很长时间来学习，我们都会一边学习一边犯错。有问题吗？

———

提问能帮助人们理清思路。

法则
035

—

保持庄重

　　我花了数年时间观察成功人士，我所指的成功并不只是指家财万贯或事业有成。事实上，我所见过的最成功的一个人过着极其节俭、简单的隐居生活，但他却在很大程度上做到了幸福、平静、满足。这是一个即使你努力也无法抹去他内心快乐的人。

　　几乎所有的成功人士都有保持庄重的意识。这是什么意思呢？他们的内心都很坚定；他们已经弄清楚了自己是谁，要做什么。他们不需要炫耀和吹嘘他们拥有什么，或者他们是什么样的人物。他们不需要吸引我们的注意力，因为他们对我们的想法不是特别感兴趣——他们忙于处理自己生活中的事情。他们保持礼貌（喜欢讲可爱的老式词汇），不是因为他们害怕出洋相或一败涂地，而是因为他们只是不想被吸引注意力的事情所困扰。

　　如果你想成为一名成功的人生法则玩家，重要的是要沉着冷静、举止庄重、与众不同、礼貌体贴，成为别人敬仰的人。你不必显得冷漠超然、落落寡合、严肃和成熟。你仍然可以玩得开心——只是不要把自己弄得像个傻瓜。你仍然可以随心所欲——只是不要完全失去控制。你仍然可以放松——只是不要掉下悬崖。

庄重就是自尊、自爱、不张扬。当你打开格局时，你会惊奇地发现别人多么尊重你，并且会越来越尊重你。

———————

庄重就是自尊、自爱、不张扬。

法则
036

情绪激动是正常的

　　如果我们忙于保持庄重和内心平和，就很容易认为自己是超然而不带感情的，因此没有大的感情波动。好消息是，事情并不是这样的。感受情绪是可以的。当有人真的惹你不高兴时，你感到生气是可以的。当你失去所爱的人时，你感到极其痛苦是可以的。感受喜悦、害怕、焦虑、放松、兴奋、忧虑等情绪都是可以的。

　　我们是人类，我们有情感。这一切都很自然。对大事有深刻的感受是很自然的，把情绪表现出来也是可以的。我们不必为自己的感受感到羞愧。哭也没关系。压抑自己的感情不是个好主意。你最好先释放坏情绪并妥善处理，然后继续做事情。

　　如果我们经历了创伤、令人沮丧的事情和困难岁月，总是认为我们必须保持克制，否则人们会认为我们软弱或失控，这当然没有帮助。我知道这看起来似乎与保持我们的尊严相矛盾，但除非我们在不恰当或错误的时间表达情绪，否则感受情绪并不会有失尊严。

有时发脾气也是完全合适的——只要我们能控制自己，不要做任何让自己后悔的事情就好。生气会提醒人们，我们不是一个容易屈服的人，他们深深地伤害了我们、冒犯了我们、威胁了我们，他们的行为给我们带来了巨大的痛苦。当然，我们不应该因为愚蠢的事情而生气，相反，我们只在需要的时候，而且是非常需要的时候，才选择表现出愤怒。同样，生气并把气撒在无辜的人身上也是不好的——如果你不能恰当地表达你的愤怒，那么你需要找到一种不伤害任何人的发泄方式。但你必须把愤怒释放出来，因为压抑的愤怒会吞噬你。

不可永久压抑的不仅仅是愤怒，还有恐惧、焦虑、大喜等。我们的情绪高涨并不意味着我们失控了。我们可以非常情绪化，但仍然可以控制我们所表达的内容。如果你对什么都没感觉，没有强烈的感觉，那你就不是凡人了。有感觉是很自然的，你甚至不应该试图扼杀你的情绪。当然，你可以确保在适当的时间和地点释放情绪，但要在你的控制范围内。

————

压抑自己的感情不是个好主意。

法则
037

在困境中坚守信仰

……

我们说，我们守住了信仰！

接下来，一路上步履蹒跚，

戴着玫瑰花冠走进黑暗！

上面这段话摘自鲁伯特·布鲁克（Rupert Brooke）的一首诗《山》（*The Hill*），我想这是关于友谊的诗。当然，它可能是关于完全不同的事情，总是很难分辨。但我的解读是：两个恋人之间的友谊、两个朋友之间的友谊。这首诗的主题是坚守信仰，信守你支持的和坚信的承诺。当然，这可能是一种宗教信仰，但读过布鲁克的诗之后，我不这么认为。

坚守信仰就是信守你的承诺，戴着玫瑰花冠骄傲地走进黑暗，步履蹒跚但信念坚定，你知道自己做了正确的事，在困难时支持你的朋友。正义、忠诚、信任、骄傲、诚实可靠、坚韧不拔、坚贞不渝也许是过时的价值观，但它们同样值得拥有。信守诺言、稳重靠谱可以让你脱颖而出，成为一个有价值的人。这是一件好事。

如今，我们羞于表现得"善良"，以防人们把我们误认为"伪君子"。但这完全是另一回事。坚守信仰是你要做的事。当你试图说服别人也去做的时候，你可能是个伪君子。拥有自己的价值观，并把它们留给自己是可以的。试图让每个人都做和你一样的事情是一件坏事。那样的你就是个伪君子了。

不，这对我不适用，因为我只是在提供信息，而不是试图改变别人。是否收集这些信息并加以利用，完全取决于你自己。但我可以向你保证，我将信守诺言，我今天给你的信息将与 20 年后我给你的信息相同。老式的价值观永远不会过时（但也许已经过时了），我不会让你失望的。

这是同一首诗的另一段话：

……

骄傲吧，大笑吧！
我们说着如此勇敢的真话。

坚守信仰是你要做的事。
当你试图说服别人也去做的时候，
你可能是个伪君子。

法则
038

你不是万事通，不可能什么都懂

瞧，我们是一个巨大而复杂的世界（甚至更大的宇宙）中微小而复杂的人类。这一切都是那么不可思议、那么奇怪。相信我，我们不是万事通，不可能什么都懂。这个法则适用于生活的各个层面和各个领域。一旦你掌握了该法则的真谛，你晚上就会睡得更踏实。

现在很可能有一些事情在你周围发生，就像往常一样，这些事情只是稍微超出了你的理解范围。人们会表现得很奇怪，而你不明白为什么。事情会出乎意料地出错（或顺利），而这是不可理解的。如果你把所有时间都花在拼命解决问题上，就会把自己逼疯。更好的办法是接受我们总有不理解的事情这一点，然后随它去吧。这是多么简单的道理呀！

同样的原则也适用于重大事件——为什么这种事会发生在我们身上？我们为什么会在这里？我们之后会去哪里？对于这类问题，有些我们永远不会知道，有些我们可以试着解决，但我有一种隐隐约约的感觉，结果不会像我们想象的那样。

我们的人生就像一个巨大的拼图，而我们能接触到的只是很小的一块。由此我们做出了巨大的假设："哦，这是一个……"但是，当神秘的面纱被掀开时，我们看到的拼图是巨大的，而我们仔细观察的那一小块实际上是别的东西，我们看到的是一幅完全不同于我们想象的大画面。

我们现在收集信息的速度比处理信息的速度要快。我们不可能什么都懂，甚至连些许理解都做不到。我们的生活也是如此。我们周围的事情以如此快的速度发生着，我们永远无法弄清所有的真相。因为只要我们快速尝试，画面就会发生改变，新的信息就会进来，我们的理解也会改变。

如果你喜欢，请保持好奇心，常常提问题，暗自琢磨事情，并和别人交谈——但要知道，你并不总是能得到一个明确又具体的答案。人们并不总是讲道理，生活并不总是合乎情理。随它去吧！当你知道你不可能什么都懂时，你会发现内心的平静。有时候就是这样。

————

人们会表现得很奇怪。

事情会出乎意料地出错（或顺利）。

法则
039

知道真正的幸福从何而来

别误会，我不打算透露人们从一开始就在寻找的秘密——真正的幸福从何而来。但我知道哪里找不到幸福。我确实有一点先见之明。让我们来看一个场景。你出去买新车、房子、西装、电脑或任何让你感兴趣的东西。你有钱（呃，我不知道你从哪里搞来的钱，举个例子而已），你买了那个宝贝，它让你感觉不可思议、快乐、兴奋、满足。现在想象一下是谁建造（制造或创造）了你买的东西。当他们建造（制造或创造）时，他们将这种感觉融入了哪里？我认为，这种感觉可能是你自带的。

现在想象一下，你正坠入爱河。你感觉棒极了，开心又兴奋。你去见你的恋人，当你看到他时，那种感觉向四面八方蔓延。你感觉很棒，因为你和他在一起，他也产生了这种感觉。对吗？错啦！你又自带了这种感觉。你可能会指望他来触发这种感觉，但即使他去了地球的另一端，你仍然会有那种感觉。

现在想象一下，你被解雇了。太可怕了。你把你的工作文件打包好，伤心欲绝地离开了。你什么都感觉不到。你带着工作文件要去哪里？没地儿可去吧，没错。你又自带了这种感觉。我们每天都带着"我刚被解雇了"的感觉去上班，我们都带着"我已坠入爱河"的感觉去认识新的朋友。

但是，再多次的恋爱、购物或被解雇的经历都不会让这种感觉持续太久，不会超过我们克服这种感觉所需的时间。人们沉迷于购物或热恋，因为他们只是喜欢那种感觉，而没有意识到他们已经拥有了这种感觉。他们必须不断地"修复自己"，因为他们认为这是让这种感觉持续下去的唯一途径。秘诀是你要知道如何在没有其他人或其他事物参与的情况下触发这种感觉。不，我不知道怎么做，你得自己去探索。温馨提示：这是一个你从未想过要去寻找的地方。是的，就在你的心灵深处。

我认为，这种感觉可能是你自带的。

法则
040

生活就像一块比萨

我爱我的孩子们。我喜欢给他们读书，和他们一起玩，看着他们长大，听他们说话，教他们骑自行车，带他们去海滩，总是和他们一起出去闲逛。

请注意，我讨厌跟在他们后面，听他们争吵，听他们用青春期特有的轻蔑方式对我说话。但如果没有时不时的争吵和青少年专用的尖刻言辞，我似乎无法享受到美好的时光。所以，大多数时候，我不能没有他们。

我也喜欢比萨。我喜欢酥脆的比萨，也喜欢软软的比萨。任何比萨都可以。我喜欢意大利辣香肠、马苏里拉奶酪、西红柿、多汁的火腿块、辛辣的刺山柑和酥脆的洋葱。提醒你一下，我讨厌橄榄，有时候我没点带橄榄的比萨，却看见比萨上点缀着橄榄。太不像话了！还有那些你有时会吃到的番茄干。那些都很难嚼，我总是把它们挑出来扔掉。

我的孩子们还小的时候，他们会拒绝吃点缀着他们不喜欢的东西的比萨。他们放声大哭，呜咽着说："我讨厌蘑菇！"或者"我受不了番茄干！"他们必须明白，如果他们不能绕开蘑菇或番茄干，就根本吃不到比萨。

你知道我要说什么。是的，生活就像一块比萨，上面什么都有。如果你想要好的部分，你必须处理掉坏的部分。如果你喜欢一份工作，唯一不爽的是工作中有一个你不想与之打交道的人，那么，你要认识到这份工作是一个整体，要么接受全部，要么放弃所有。如果你爱你的伴侣，但讨厌他吵架后生气的样子，你就得接受真实的他，并认识到，他除了生气，其他一切都是非常美好的存在。如果你的邻居很友好，在你外出时帮你看守房子、签收快递、照料孩子，你就得接受她话太多的事实，别再抱怨了。当你停止抱怨时，你可能会发现你也没那么耿耿于怀。

我认识一些父母，他们让孩子从一所学校转到另一所学校，直到找到一所在各方面都很完美的学校。当然，他们最终不得不停止"搬家"，因为孩子们已经长大了。我并不是说你永远不要给你的孩子办转学（如果你有选择的话），而是要停止寻找完美，因为你找不到完美。人生并不完美。生活中没有什么是完美的。

生活中最好的东西就是会有难嚼的番茄干和橄榄。抱怨没有意义。只要把它们挑出来，或者尽可能快地吞下去，然后用牙齿咀嚼剩下的食物，每吃一口都会有滋有味。

———————

生活中最好的东西就是会有难嚼的番茄干和橄榄。

法则
041

—

总有人乐意见到你

我认识一个养灰狗的女人。当她回家时,她的狗看到她后总是兴高采烈的。宠物狗总是这样,不管你对它们有多坏,⊖它们总是抓狂地黏着你。当然,你希望你的伴侣也以同样的方式行事,当你回家时,他会抓狂地黏着你。我相信他会黏着你的,不是吗?当他回家时,你当然也会抓狂地黏着他,不是吗?

我们都需要有人乐意见到我们。这让我们感觉一切都是值得的。比如,我要出去工作一两天,等我回来的时候,我的孩子能像其他孩子一样,站在那里,伸出双手,并且问道:"您给我带回来什么了吗?"小家伙们脸上的表情太可爱了。我喜欢这样的时刻。

或者,当他们放学归来,你问他们今天过得好不好,他们会对着你嘟嘟囔囔。真是惬意呀!但你仍然非常高兴见到他们——

⊖　你忘了带狗出去散步,也没有买饼干之类的东西,可能是因为你太忙,并非不善待狗。谁会这么做呢?

对他们来说，你是他们的"重要人物"。这样的时刻我也很喜欢。

不，等你回家的不仅仅是电视待机按钮的红灯。你还需要一个人或一只宠物。我的一个儿子说他的壁虎见到他总是很高兴，我努力想从壁虎脸上发现任何情绪，但迄今为止还是没发现一点蛛丝马迹——这只壁虎不稀罕见到我儿子。

拥有一个很高兴见到你的人是很重要的，因为这给了你一个需要你的人，给了你一个目标，让你不再只顾自己，给了你一个继续生活的理由。但如果你一个人住，没有宠物或孩子，怎么办？嗯，当志愿者或做慈善工作是一个好主意，可以让你迅速获得这种被需要的感觉。但话说回来，这个乐意见你的人可能就在你家门口。

我的一个朋友独自生活在伦敦，单门独户的，没有邻居可以交谈，但她发现有一个退休的残疾人住在她家几户之隔。她注意到，大多数时候，当她在下班回家的路上经过他家时，他都会待在门口，找借口说"碰巧准备出门"。很明显，他有点孤独，很想和她聊聊天（如果可能的话，还可以再聊一会儿）。他见到她很高兴。谁见到你很高兴呢？

我们都需要有人乐意见到我们。
这让我们感觉一切都是值得的。

法则
042

知道何时放手、何时离开

有时候，你只能一走了之。我们都讨厌失败，讨厌放弃，讨厌屈服。我们喜欢生活中的挑战，想要坚持下去，直到我们想要"赢"的东西被克服、被征服、被击败、被赢得。但有时，好事就是不会发生，我们需要学会认识到这些悲催时刻，学会如何冷静地耸耸肩，骄傲和有尊严地离开。

有时候你真的很想做某件事，但这是不现实的。与其把自己搞得筋疲力尽，不如学会放手和离开，这样你会发现压力小很多。

如果一段关系走到尽头，与其玩一场漫长且复杂（还可能会造成伤害）的收场游戏，还不如学会离开的艺术。如果这段关系"死了"，就随它去吧。这条法则不应该出现在合作关系中——它出现在这里是为了服务你、保护你、培养你。这与"他人"无关，而与你个人有关。如果某段关系"死了"，不要每隔五分钟就把它挖出来看看还有没有"脉搏"。这段关系结束了，你也可以撤了。

你可能想要报复——不要生气，而是走开。走开比报复好得多，因为这表明你已经超越了任何让你抓狂的事情。最好的报复方式就是完全忽视和遗忘某件事。

放手和走开意味着你在行使控制权和良好的决策权——你在做出自己的选择，而不是让局势控制你。

我不想这么粗鲁，但是你的问题——我的问题也是——甚至不值得在宇宙的历史上做一个脚注。现在走开，十年后再回头看，我敢打赌，你会很难记起这一切是怎么回事。不，这不是在宣传"时间是最好的治愈者"，但在你和你的麻烦之间留出空间和时间，确实会给你一个更广阔的视野、一个更美好的视角。要做到这一点，你得走开，把那个空间留在那里。时机会自动出现，当然是恰逢其时。

———————

如果某段关系"死了"，不要每隔五分钟
就把它挖出来看看还有没有"脉搏"。
这段关系结束了，你也可以撤了。

法则
043

报复会导致冲突升级

现在，我实话实说，在我的朋友中，我并不是以宽容和随遇而安的能力而出名。坦白地说，如果有人奚落我或激怒我，我的第一反应就是以牙还牙。当我年轻（得多）的时候，还会偶尔加上拳打脚踢。即使我学会不再挑起争端，或者不再让别人和我一起挑起争端，我还是忍不住要做出傲慢无礼的反驳或报复的小动作。

嗯，这很难。如果你的邻居砍了一棵理论上属于你的树，即使你不是特别喜欢那棵树，你还是会感到委屈，想要砍下他的一棵悬在你家篱笆上的树。或者，你的同事把你想出的点子据为己有。你会如何报复他呢？比如，直到最后一刻才提醒他项目的截止日期提前了，或者让他注意到上个月那场灾难性的展览是他自己的主意。

然而，仔细想想。多年以后，就算是我，也学会了把这个问题想清楚，所以，我相信你也可以。任何准备砍倒你的树或窃取你的想法的人都不会对你报复的小动作坐视不管。不会不管！他们接下来会铲平你的车库，或者害得你被炒鱿鱼。那你怎么办？毁掉他们的车？请一个就业律师？你确定这事儿不会失控吗？

事实上，这是我从我的孩子身上学到的一课。兄弟姐妹之间的争吵是如此坦率，你可以看到整个事情比成人版本的失控快得多。我们这些所谓的成年人在几天甚至几个月的时间里密谋、策划、计划，而这几个兄弟姐妹可以在几分钟内将一个小小的分歧变成全面的战争。

听着，报复只会导致一件事，那便是敌对状态的升级。这就是历史上世界各地的战争故事。不管我们喜不喜欢，我们在与邻居、同事以及其他和我们在一起的人打交道时也没有什么不同。

那我们怎么才能结束这种疯狂现象呢？只有当参与其中的一方足够成熟，看到有人必须克制以阻止事态发展时，这个恶性循环才会被打破。有些人必须足够成熟，能够保持沉默，站在道德的制高点上，勇于接受现实，果断喊停，让一切顺其自然。是的，即使你隐藏着犀利的反驳或狡猾的妙笔，也得停止动作。有时候，什么都不做，什么都不说，真的会更好。加油！如果我能做到，任何人也都能做到。

有时候，什么都不做，什么都不说，真的会更好。

法则
044

照顾好自己

你是船长。如果你生病了，谁来管理这艘船？没有别人了。照顾好自己是有意义的。我也无意在这里说教，告诉你要早睡、多吃蔬菜、多做运动，因为我也做不到这些。但这并不意味着你不应该这么做。这些都是养生妙招。

偶尔做一次快速体检可能是个好主意，定期检查身体可以将任何潜在的问题扼杀在萌芽状态。我每年都体检一次。我还认为，有一些食物就像炸药，它们能让你充满能量，加速你的新陈代谢，让你感觉很棒。而另一些食物会让你行动迟缓，储存脂肪，减慢速度。它们还可能对你造成长期的伤害，比如堵塞身体的某些部位。现在选择权完全在你手上，但你的机器（身体）在高能食品上运行得更好，在垃圾食品上运行得更差。

睡眠也是如此。睡眠不足会让你感到疲倦，睡得太多又会让你没精打采。睡得适量会让你感觉良好。睡回笼觉让你感觉糊里糊涂，不赖床会让你感觉良好。如何选择，完全取决于你。从此没有人站在你身后以确保你洗过耳后，或者检查你的鞋子是否擦得锃亮。你是成年人了，现在要靠自己了。真不错。但这意味着你也要承担所有的责任。

人生法则玩家会吃得好，睡得好，经常放松，锻炼身体（电脑游戏很好，但不能算作锻炼）。他们也会远离潜在的有害环境。他们知道如何远离危险、躲避危险，通常也会照顾好自己。

照顾好自己就是这样：不依赖任何人的督促，自己就能按时吃饭且吃得健康，随时可以干净清爽地出门，定期出门散步。做个成年人真好。如果你愿意，可以通宵狂欢，但你也可以选择照顾好自己。

你是成年人了，现在要靠自己了。

法则
045

事事都要以礼相待

凯特·福克斯（Kate Fox）在她的精彩著作《英国人的言行潜规则》[一]中指出，在任何一笔小额交易中，比如买一份报纸，都会出现大约三个"请"和两个"谢谢"——这是最低限度。是的，英国人（以及其他一些国家的人）非常有礼貌。这样做有问题吗？我们每天都要和一大堆人打交道，讲礼貌是件好事。人生法则玩家事事都要以礼相待。如果你不知道什么是礼貌，那就有麻烦了。

你可能认为自己已经很有礼貌了。我们中的大多数人认为自己彬彬有礼。然而，你越是匆忙，承受的压力越大，就越容易忽略礼貌。如果我们诚实的话，我们所有人都会承认，我们在被生活搞得疲惫不堪时可能会忘记适当地表达对某件事的感激之情，我们在急着赶火车时可能会挤在一个步履蹒跚的人前面。

不管你有多匆忙和焦虑（遵守这些法则，你就不必太匆忙），

⊖　FOX. Watching the English: The hidden rules of English behaviour [M]. London: Hodder & Stoughton, 2014.

你都应该努力表现出下面这些良好的言行举止：

- 排队时不要拥挤。
- 需要的时候赞美别人（前提是他们值得你赞美。如果他们不值得，你就没必要施舍你的溢美之词）。
- 不插手不该插手的事情。
- 信守承诺。
- 保守秘密。
- 保持基本的餐桌礼仪（哦，拜托，你知道这些礼仪：胳膊肘不能搁在餐桌上，不要张大嘴巴说话，不要过多地往嘴里塞东西，不要用刀弹豌豆）。
- 不要对妨碍你的人大喊大叫。
- 当你进错了房间时要道歉。
- 要文明。
- 不骂人，不亵渎宗教。
- 赶在别人前面把门打开。
- 拥挤时往后站。
- 当有人说话时要应答。
- 说"早上好"之类的话。
- 感谢那些照顾过你或为你做过事的人。
- 热情好客。
- 观察其他社区的礼仪。
- 不抢最后一块蛋糕。
- 彬彬有礼，魅力四射。

- 为客人提供茶点，并到前门与他们道别。

不管你每天和别人有多少小小的互动，都不要失去礼貌。礼貌言行不需要任何成本，却能产生如此多的善意，使每个人的生活更加愉快。

讲礼貌是件好事。

法则
046

常做断舍离

为什么要遵守这条法则？因为堆积杂物会让你的家、你的生活和你的思想变得混乱。凌乱的家就像凌乱的思维。人生法则玩家的想法清晰而直接，他们不会收集垃圾。当然，我们都是这样。我所建议的是，偶尔清理一些杂物可能是个好主意，因为杂七杂八的东西就像越来越密的蜘蛛网，会让你的情绪低落。

断舍离可以让你有机会摆脱任何无用的、破损的、过时的、不酷的、无法清洁的、多余的和丑陋的东西。毕竟，威廉·莫里斯（William Morris）曾说过，不要在家里放任何无用或不美观的东西。好好清理一下能让你神清气爽、恢复活力，还能让你意识到你在收集什么东西——我在本书中的观点是，任何激发我们意识的东西都是好东西。

再一次，我注意到成功人士和那些似乎在一潭死水中工作的、从未真正开启生活的人之间的区别。那些精力充沛、做事有条不紊的人，也是那些有着惊人能力做断舍离、清理杂物、去芜存菁的人。那些难以起飞的人是那些沿着停机坪奔跑的人，他们手里仍然紧握着黑色的塑料袋，袋子里装满了他们从慈善商店买来的废物，却从来不曾扔掉过——或者买回来以后就从来没有打开过。他们的橱柜里堆满了只会占地儿的垃圾，抽屉里塞满了破碎的东西，衣柜里装满了他们再也穿不进去的衣服或已经过时很久的衣服——这些衣物作为收藏家的藏品可能有些价值，但永远不会再被穿了。

断舍离会产生一种"减轻负担"的效果。你在家里有了更多的空间，有了更多的掌控感，你摆脱了那种因为到处都是杂物而产生的有点不知所措的感觉。你不必住在一尘不染的房子里，房子里无须摆满大师设计的极简主义风格家具。我的建议是，如果你想知道是什么阻碍了你，试着看看水槽下面的橱柜、床底下或客房的衣柜顶部。

杂七杂八的东西就像越来越密的蜘蛛网，
会让你的情绪低落。

法则
047

归根溯源，与过去保持联系

在你归根溯源之前，你必须知道根源在哪里。根源就是家。那里才是你的归宿。根源是你感到舒适、安全、被爱、恢复精力和受到信任的地方。它也是你感到强大和可以控制的地方。根源指的是你可以随意踢掉鞋子打赤脚的地方，无论是精神上还是身体上，你都可以在此安心休息，因为你知道你会受到照顾。

我们都过着越来越忙碌、越来越疯狂、越来越狂热的生活。我们都被生活的喧嚣所困扰，以至于我们忘记了自己要去的地方、要做的事情和要实现的目标。归根溯源就是回到你梦想一切、计划一切的地方。根源就是你迷路之前所在的地方。

根源是个大本营，可能在重新发现我们的本源——在一个我们都四处奔波的时代，这是必不可少的。你要知道你的家人是谁、你从哪里来、你的真实背景是什么。你若有雄心壮志，从本源出发是可以的，但知道你是谁、你来自哪里也很重要。有时候，你可以从那些变得非常出名或富有的名人身上感受到这一点。他们常常试图否认自己的过去，假装自己是另一个人，在这个过程中，他们给人留下的印象是肤浅且虚假的。

对你来说，根源可能是一个你成长的地方，在那里你会想起成长的感受——希望和恐惧——和年轻时的你。根源也可能是一个人——多年前的一个密友，他可以提醒你在一切变得混乱之前你是什么样的。

当然，你可能并不知道自己来自哪里，你必须考虑到这一点。你可能是被收养的，但你是在别处长大的。无论你的情况如何，如果你去寻找，总会有一个让你感到踏实的东西。它不一定是你出生和成长的地方。如果你真的很挣扎，那你可以为自己创造一个新的根源。任何让你觉得安全的地方都可以。

我们都需要与人相处的时间，或者我们可以做真实自我的地方，在那里我们不需要解释、证明、提供背景或给人留下好印象。这就是归根溯源的乐趣——身处一个你完全被接受的地方，你周围的一切都在提醒你什么才是真正重要的。归根溯源，当你这样做的时候，就想知道自己为什么离开了这么久。

———————

根源就是你迷路之前所在的地方。

法则
048

在自己周围划清界限

个人界限是你在自己周围画的假想线，任何人都不应该越过，除非受到了邀请——无论是身体边界，还是情感边界。你有权获得尊重、隐私、体面、善良、爱、真相和荣誉，这只是其中的几项权利。如果人们越过了界限或模糊了界限，你就有权为自己挺身而出，大胆抗议："不，我不会容忍这种事。"

但你得先划清界限。你必须知道你支持什么、不支持什么。你必须在自己的头脑中设定好界限，然后才能期待别人尊重你，并遵守你的界限。

你对自己的界限越有安全感，别人对你的控制就越少。你的界限界定得越清楚，你就越能意识到别人的事情更多地与他们有关，而与你无关——你就不会把事情看得那么个人化了。

你有权获得基本的自尊。你不尊重自己，就不能指望别人尊重你。如果你对自己没有一个清晰的认识，就不会尊重自己。设定界限是认识自己这个过程中的一个环节。你必须觉得自己足够重要，才能设定好界限。一旦设定好了，你就必须足够自信地去强化这些界限。

设定个人界限意味着你不必再害怕别人了。你现在清楚地知道什么是你能忍受的、什么是你不能忍受的。一旦有人越过了得体行为和失态行为之间的界限，你就会脱口而出："不，我不想被这样对待，也不想让别人这样对我说话。"

也许最好的方式就是从你自己的家人开始。多年来，我们养成了某种行为模式。比如，你习惯了去看望父母，但总是在离开时感觉很糟糕，因为他们让你失望或让你觉得自己不够好。你可以通过对自己说"我不会再忍受了"来改变情势。然后，你不必再忍受了，说出你的想法。你可以告诉父母你不喜欢被批评、被指责，不乐意别人让你觉得自己渺小。你现在是成年人了，有资格得到尊重和鼓励。

设定个人界限能让我们抵制那些咄咄逼人的人、粗鲁的人、好斗的人，以及那些会利用我们的人和不能明智地对待我们的人。成功人士知道自己的价值，不会搞得一团糟。成功的人能够识别情感勒索的人、玩搭讪花招的人、急于求成的人、软弱和需要帮助的人、攻击别人的人，以及需要让你看起来渺小来让他自己感觉强大的人。一旦你在自己周围划清了界限，你就会更容易保持自己的坚定、坚决、坚强和自信。

———————

设定个人界限意味着你不必再害怕别人了。

法则
049

购物要看质量，而不是价格

我得承认，这是我的妻子教我的，为此我永远感激她。对我来说，看价格购物似乎是一件很自然的事情。也许这就是男人们的习惯做法。我会弄清楚自己想要什么，然后尽我所能去买最便宜的东西，并为自己节省了钱而感到高兴。然后，我总是对我买到的东西不满意。在很短的时间内，它们坏掉了，或者不能使用了，或者很快磨损了，或者看起来很劣质。我住的地方很乱，而且物价很低。我需要学习的是优质购物的艺术。

优质购物的基本法则是：

- 只接受最好的，次好的永远不适合你。
- 如果你买不起，就不要买，或者等到你买得起的时候再去买。
- 如果你一定要买，那就在你负担得起的范围内买最好的。

这很简单，不是吗？可对我来说没那么容易。我花了很长时间才真正掌握这一点。这并不是说我不（或者当时不）崇尚品质或欣赏卓越，而是我太冲动了。如果我觉得我需要什么东西，我就会立刻想要去买。如果我买不起最好的，我会选择最便宜的。事实上，我用一种非常英式的方式思考，认为"买到便宜货"就是购物的全部意义。过去的我不喜欢谈论钱，也不喜欢吹嘘东西的价格，那太俗气了——最好一开始就买俗物。而现在的我不这么认为了。

追求高质量并不意味着我们趾高气扬，或者是一群纨绔子弟，或者会入不敷出。追求高质量意味着我们欣赏美好的事物，可以看到购买精品良作的意义，这些产品将会：

- 使用寿命更长。
- 更强大。
- 不易断裂。

这意味着它们不需要经常更换，同时也意味着你可能实际上节省了钱。它们也会让你看起来更好、感觉更好。

既然我已经掌握了这条法则，我真的很享受在买东西之前的那种期待。我要确保我真正追求的是质量，而不仅仅是价格。不过我还是会去货比三家买便宜货——现在我想寻找质量好的东西，但我准备在其中以最低的价格购买。

————

如果你买不起，就不要买。

法则
050

担心是可以的，
也可以知道如何不担心

未来是不确定的、可怕的、神秘的。如果我们不时常担心一些事情，就不是人类了。我们担心我们的健康，我们的父母、孩子、朋友，我们的人际关系，我们的工作和我们的花销。我们担心自己越来越老，越来越胖，越来越穷，越来越累，越来越没有吸引力，越来越不健康，越来越迟钝，一切都越来越不完美。我们担心重要的事情，也担心不重要的事情。有时我们还担心自己做不到"生于忧患"。

听着，担心是可以的。只要有真正值得担心的事情就可以。如果没有，那么，你所做的就是徒增烦恼，让你的额头新添皱纹——这会让你看起来更老，你懂的。

第一步是决定你是否可以为你所担心的事情做点什么。通常有一些合乎逻辑的步骤可以消除这种担忧。我担心人们没有采取这些步骤，这意味着他们选择了继续担忧，而不是摆脱忧患。

如果你在担忧，请务必：

- 征求实用的建议。

- 获取最新的信息。

- 做一些事情，只要是有建设性的，任何事情都可以。

如果你担心自己的健康，那就去看医生。如果你在为钱发愁，那就制定预算，理性消费。如果你担心自己的体重，那就去健身房，少吃多练。如果你担心走失的小猫，请给兽医、警察或当地动物救援机构打电话。如果你担心变老，那就没有意义了——不管你担心与否，你都会越来越老。

如果你对自己的担忧无计可施（或者如果你是一个顽固的杞人忧天者，甚至接近神经质），那么，分散注意力是唯一的答案。你要专注于其他事情。有个叫米哈里·契克森米哈赖（Mihaly Csikszentmihalyi）的人（这个名字让人印象深刻），他发现了一种叫作"心流"的精神状态。当你全神贯注于你正在做的一项任务时，你完全沉浸其中，以至于几乎没有意识到外部事件的发生。这是一种愉快的体验，它完全消除了你的担心。米哈里还说："当至少有一个人愿意倾听我们的烦恼时，我们的生活质量就会大大提高。"

担心可能是一种症状，表明你并不想为这个问题做些什么。继续担心（或者表现出关心和担心的样子），可能比采取行动更容易。一方面，适当的、有益的担心是可以的。另一方面，毫无意义的或没有必要的担心是不好的。或者至少，无谓的担心也是可以的，但这是对生命的巨大浪费。

你所做的就是徒增烦恼，让你的额头新添皱纹——
这会让你看起来更老，你懂的。

法则
051

保持年轻态就好

我之前确实说过，如果你担心变老，就应该停止对此担心，因为你对变老无能为力。变老是必然的趋势。那么，为什么会有"保持年轻态"的法则呢？身体上（和时间上）变老是我们都不可避免的，用没完没了的手术等手段来延迟衰老是没有意义的。保持年轻态就好。我指的是精神上和情感上保持年轻。苏格兰喜剧演员比利·康诺利（Billy Connolly）在他的一个节目中做了一个啼笑皆非的观察，他弯腰捡东西时发出了一种声音，这是老人弯腰时会发出的咯吱声。他说，他不知道自己什么时候开始发出这种声音的，但那声音早已悄悄向他逼近，如今直接爆发了。这就是我想说的，即我们发出的所有声音和动作都表明我们老了。我们出门时会把自己包裹得严严实实，以防着凉。这类做法都是为了确保我们感觉良好。记得进屋时脱下外套，出去时再穿上。所有那些"如果你不介意的话，我想喝杯茶"之类的话，或者"我们要去我们经常去的地方度假——你知道自己会收获什么"之类的话，都是有必要的。

我昨天读到一篇关于一个小伙子带他的父亲去希腊的岛上进行背包旅行的报道。他的父亲已经 78 岁了，但他说他很难跟上父亲的脚步。这就是保持年轻态的例证。我认识一位 60 多岁的老妇人，她说自己现在的内心感受和 21 岁时一样。我从她的外表也能看出来。这就是保持年轻态的典型例子。

保持年轻态就是尝试新事物，不要抱怨或说那些你认为人在变老时会说的话；不要一味地选择保守的选项，要跟上形势的发展；不要因为你觉得自己年纪太大不适合骑自行车而放弃骑车之类的运动。顺便说一下，如果你还年轻，我为自己说的一切道歉，但相信我，总有一天你会需要这条法则。

保持年轻态就是尝试新的口味、去新的地方、争取新的风格、保持开放的心态，不要变得反动（嗯，我应该反复阅读这段内容）或者对越来越多的事情表示不满，而是要不满足于你一直拥有的或一直做的事情。保持年轻态就是以新视角看待世界，有兴趣、有激情、有动力、有冒险精神。保持年轻态就是一种心态。

————

保持年轻态就是尝试新的口味、去新的地方、
争取新的风格。

法则
052

钱并非万能的

几年前，当我在一个特定的行业工作时，每当有什么事情出了问题，我的老板总是叹息说："好吧，我想我们可以试试用钱来解决问题。"他的意思基本上是不停地砸钱，直到麻烦消失。在工作中，这种方法往往会产生奇迹，但生活中的问题往往需要我们亲力亲为和更细致的处理方法。我们倾向于认为，如果我们在事情上投入足够的钱，问题就会得到解决，而不是寻找那些需要时间、注意力和关心的真正解决问题的方法。

让我们回到变老的话题。你可能认为，砸钱做整容手术是解决问题的办法，但事实并非如此，整容只会拖延势态的进展，可能造成比解决问题更糟糕的问题出现。用一种有尊严和优雅的方式来与衰老妥协，研究应对衰老的心理方法，该有多好啊！如果你关心的人看起来心烦意乱、紧张不安、似乎变了样子，那么，给他们买一份礼物可能会让他们暂时兴奋起来，但更好（也更便宜）的选择是花点时间带他们出去散步，问问他们的烦心事，给他们倾诉的机会。

我们倾向于认为，如果我们在某件事上花更多的钱，问题就会得到解决。也许有时我们需要一种老式的方法，即时间、注意力和关心。

就像我们的祖父母一样，他们不会把坏了的东西扔掉，然后再买一个新的，他们会耐心地坐下来，试着找出哪里出了问题，以及是否有办法重新把它修好。这不仅适用于手表和水壶，也适用于人际关系。

砸钱让我们感觉强大和成熟，而我们可能需要退后一步，看看我们是否能通过另一种方式来改变情况。我知道我和其他人一样习惯花钱买方便。当我买车时，我通常选择昂贵的、性能不稳的、修理成本很高的车型。然后，当它出了问题时（这总是会发生的），我付钱给修车厂，出大价钱让他们把车拉去修好。如果我能退后一步，发现那辆车一开始就不合适，我的生活就会简单得多。现在砸钱解决不了问题，只会拖延问题，等到下次再出问题的时候还得解决。事情就是这样的。

砸钱解决不了问题，只会拖延问题。

法则
053

独立思考

你会觉得这条法则平淡无奇，真不知道我为什么要列出这条法则。如果这条法则看起来显得傲慢、简单或非常粗鲁，我真的很抱歉。我并不想冒犯或侮辱你，我很欣赏你能为自己着想。我提出这条法则的意思是，我们需要非常清楚自己的观点，以自己的身份意识为基础，非常自信地做自己，这样我们就不会轻易被别人对我们的看法所左右。乍一看很简单，其实执行起来很难。我们的内心都很脆弱。我们都有恐惧和担忧。我们都希望被爱和被接受。我们都想融入社会，成为人群中的一员，并且得到大家的认可。我们都想要归属感。我们总是忍不住要说"我会成为任何你想要我成为的人"。

原创、创新或与众不同会让我们觉得自己太突出了，可能会被人回避。但真正成功的人不会被回避，相反，他们会因为自己的独创性和与众不同而成为群体领袖。如果你是令人讨厌的、粗鲁的或伤人的，你确实会遭遇回避。但如果你善良、体贴，关心和尊重别人，你就会被爱和被接受。如果你的思想也有独创性，就会被人仰望、尊敬和钦佩。

你必须非常确定自己是谁，在独立思考的同时要清楚自己的想法——如果一切都是混乱的和模糊的，那么独立思考是没有意义的。

我的一个朋友非常聪明和机敏，但她所有的观点都来自阅读一份特定的全国性报纸。无论报纸在某一特定问题上采取何种立场，她都会跟风。她对这份报纸深信不疑，还不知道自己多么墨守成规——因为她的观点总是基于她阅读的报纸。她会以一种合理的方式清晰有力地论证自己的观点，但始终与报纸的观点重叠。有时候我们都可能这样，并且需要偶尔改变我们获取信息的方式以确保我们的观点新颖和保持原创。

当然，独立思考意味着你必须做到：①有一些事情要考虑；②真正去思考。选择一些你认识的人。如果他们和自己的生活保持步调一致，我敢打赌，以上两点他们都做到了；如果他们适应得很差，而且常常挣扎，我敢打赌，他们一点都没有做到。

———————

我们都想融入社会，成为人群中的一员，
并且得到大家的认可。我们都想要归属感。

法则
054

你不是管事的

如果这条法则让你感到震惊，我很抱歉，但你真不是管事的——无论你多么想成为负责人，无论你认为自己多么胜任，无论你有多么值得成为负责人。你不是负责人也不意味着别人是掌舵人。我们可能都在同一列没有司机的失控的列车上，也可能真的有司机，但司机可能疯了、喝醉了或睡着了，那完全是另一回事。

一旦你接受了你不管事的事实，你就可以放下很多事情。这是一种解放。不要抱怨："为什么我不能管事？"你可以接受事实，随它去吧。你可以双手插在口袋里，吹着口哨走开，而不是去撞南墙——毕竟，你不是负责人，因此也没有责任。

一旦你明白了你在这里是为了享受而不是为了管理事情的美妙概念，那么你就可以在阳光下多坐一会儿，忙里偷闲做点儿别的事情。

听着，世事无常。好事和坏事。可能有司机，可能没司机。

你想怪就怪司机吧。你可以接受没有司机的旅程有时会很可怕，有时会很刺激，有时会很无聊，有时会很美好——实际上不管有没有司机，情况都是一样的。我们既会遇到好事，也会遇到坏事。这是事实。如果事情由你或我来掌管，我们可能会干预得太多，把大部分坏事都处理掉，人类会因为停滞不前且缺乏挑战、动力和兴奋而迅速灭绝。毕竟，是坏事激发了我们，让我们学习，给了我们活下去的理由。如果一切都好，生活就会变得非常空洞和无聊。

不过这里有个小问题：你也许不是掌舵人，但这并不能免除你所有的责任。你仍然有义务——你仍然需要尊重你生活的世界和你生活在一起的人——只是你没有对"人生大戏"的一切负全责。

既然你不必负责，就可以像看电影一样看待人生，在激动的时刻欢呼，在悲伤的日子哭泣，在可怕的时候躲起来。但你既不是导演，也不是放映员。你连引座员都不是。你是观众。好好生活，尽情享受吧！

————

一旦你接受了你不管事的事实，
你就可以放下很多事情。

法则
055

—

给自己消消气、解解愁

我的一个朋友非常信任她收养的灰狗。不，我不是说她喜欢站在灰狗的旁边随意谩骂，虽然我肯定她时不时会这么做。我的意思是，无论她有多痛苦、工作有多辛苦、生活有多烦人、脾气有多暴躁，或者她今天的发型有多糟糕、她有多厌倦，当她回到家，从灰狗那里得到不可思议的问候时，这一切都是值得的。阴霾消散了，她立刻恢复了平静、快乐和被爱的感觉。

能让我消气解愁的必定是我的孩子们和我的住所。虽然我的孩子们有时会让我抓狂，但他们看待世界的方式和他们的成长方式仍然具有不可思议的魔力。至于我的住所，我只要想到回家就会感到精神振奋。

我们都会有不同的东西可以消气解愁，并以一种非常积极的方式推动我们的情绪按钮。我发现这条法则的奇妙之处在于，通常不是那些花钱的东西才有这种力量。能给我们消气解愁的事物通常都具有某种魔力，可以让我们满血复活——我们可以求助于特定的风景或人、宠物或孩子、最喜欢的书或电影。它可能是我们通过一些仪式达到的一种精神状态，比如去做礼拜或冥想。它可能是某一段音乐，使我们的心情变得轻松。对一些人来说，它就是重新整理集邮；对另一些人来说，它就是做慈善工作或成为志愿者（没有什么比为他人或为更大的利益做些事情更能让你变得心情愉悦了）。不管它是什么，你要确保自己拥有它、了解它、使用它。如果有一段总能让人心情愉悦的曲子，但你从不弹奏，也是没用的。

我想我们的生活中都需要一些东西给我们消气解愁，也许可以让我们不再把自己太当回事儿。无论是拥有一只狗、一个孩子，还是在日托中心与一个孤独的人聊天，你都需要一些东西让你意识到所有的事情都没有那么重要，并提醒你生活中还存在着那些简单的快乐。

————

如果有一段总能让人心情愉悦的曲子，
但你从不弹奏，也是没用的。

法则
056

不是善茬就不懂愧疚

坏人不会有愧疚感，因为他们忙着做坏人。好人会有愧疚感，因为他们是好人，他们觉得自己做错了，让别人失望了或搞砸了什么。好人是有良知的，而坏人是不会有良知的。如果你真的感到愧疚，这是一个好兆头。这表明你已经踏上了正确的道路。但你必须知道如何处理愧疚感，因为愧疚是一种非常自私的情绪，非常耗时耗力且毫无意义。

我们有两个选择：纠正错误或摆脱愧疚感。是的，我们都会犯错。我们都会时不时地搞砸什么。我们并不总是做"正确的事"。如果我们有良知，有时就会感到愧疚。但是，如果不付诸良性行动，愧疚是毫无意义的。如果你不打算为你的愧疚感采取行动，那你最好想点儿别的吧，不要再被愧疚感纠缠了[○]。如果你整天感到愧疚，却什么都不做，那就是浪费时间和生命。

○ 自我厌恶、恐惧、恐慌——如果你真的需要的话，这些都是愧疚感的良性替代品。但最好还是放手。

首先，你要做的是评估自己是否真的需要感到愧疚。这可能只是一种过度发展的良知或责任感。如果你是那种总是无偿奉献的人，但只是这一次你拒绝了做某事，那就没有必要感到愧疚。你的内心深处知道你要不要做这件事。如果你可以在做或不做之间做出选择，那很简单：做也好，不做也罢，但不要有愧疚感。在做选择时要记住这一点。不做就会感到愧疚，那是不行的。

　　如果你确实有理由感到愧疚，那么，尽可能地纠正错误。这是最简单的做法。如果你不能纠正错误呢？那就吸取教训，下定决心，抛弃愧疚感，继续前进。如果愧疚感一直折磨着你，你就必须想办法把它抛在脑后。

　　　　　　　　　　———————

　　　　如果你真的感到愧疚，这是一个好兆头。

法则
057

没有好话说，那就闭嘴吧

发牢骚、抱怨、吹毛求疵很容易。要想总是对某一情况或某一个人说些好话，那就难得多了。但现在把它看作是一个巨大的挑战。说好话很难，因为我们的天性就是发牢骚。如果有人问周末露营过得怎么样，你很容易就从糟糕的天气、露营地的问题和隔壁大篷车里的人有多讨厌说起，而不是畅谈和你想要在一起的人享受美妙的环境、分享共处的快乐。当一个朋友问你和老板相处得如何时，他们做的那些让你生气的事情通常会赶在他的正面事迹之前浮现在你的脑海里。

不管一个人有多可怕，他身上总有好的一面。你的工作就是找到好的部分，突出它、谈论它以吸引人们的注意。遇到麻烦事的时候也是如此。我记得曾经读过一篇报道：一个人在巴黎大罢工期间乘坐地铁。现场一片混乱，人们推推搡搡，场面非常可怕。当时有一位妇女带着一个小孩。她弯下腰，愉快地告诉孩子："宝贝儿，这就是人们常说的冒险。"这句话已经成为我在遇到危机和麻烦时的口头禅了。

当被问及你对某人、某事、某地的看法时，你需要找一些好话说，一些奉承和积极的话。有充分的证据表明积极的态度有很多好处，但最明显的是人们会被你吸引，甚至不知道为什么如此迷恋你。你那种积极的态度很吸引人。人们喜欢与乐观、积极、快乐和自信的人在一起。我们需要管住自己的嘴，多说好话。

显然，如果你只想说好话，那就会减少背后的诽谤、八卦、诋毁、编瞎话、无礼、抱怨（你可以指出缺点或问题，但要以一种建设性的方式提出来）。这可能会留下一个巨大的空白，任由你自由填写。

在开口之前，试着花一个星期的时间找些好话。这样做可以改善你的生活，但我不能确定，你只管尝试就好。如果所有这些都失败了，你真的想不出任何积极的话，那就闭嘴吧。什么都别说了！

———————

宝贝儿，这就是人们常说的冒险。

第二章

浪漫爱情法则

　　我们都需要爱和被爱。我们大多数人都希望从一段感情中
获得舒适感和亲密感。我们不是孤岛，确实需要和非常亲密的
人一起分享快乐与忧伤。这是人类的天性。如果没有给予和索
取的需要，我们就不会变得如此优秀了。

　　但是，我们很容易在爱情中犯错，并且颜面尽失，通常把
整个事情弄得一团糟。我们需要一些貌似过时了的法则。我们
需要尽可能多的指导。好了，我说得够多了。

　　但是，说真的，我们都需要帮助，有时很有必要从稍微不
同的角度来看待同一个问题。以下是一些不同寻常的法则，让
你从新的角度去思考你的人际关系。

　　这些都不是革命性的法则，但都是我注意到的那些拥有
成功的、富有成效的、持久的滋养型人际关系的人所遵循的法
则。他们也拥有令人兴奋的、刺激的、极其亲密和强大的人际
关系。

法则
058

求同存异

男人和女人是有差异的。傻瓜才会否认这一点。但男女之间的差异并没有大到使我们成为不同的物种——或者来自不同的星球，就像某些人胡扯的那样。实际上，我们的共同之处多于差异之处。如果我们拥抱我们的共同之处，接受差异的存在，可能就会相处得更好，而不是把彼此当作不同的物种来对待。

如果你喜欢，一段关系就是一个最初由两个人组成的团队（后来这个团队可能会被许多初级队员搞得不堪重负），每个人都为这段关系带来了才能、技能和资源。每个团队都需要不同素质的人来完成任务并使项目顺利进行。如果你们都是强有力的领导者、快速的决策者和冲动的急性子，那么谁来关注细节并完成项目呢？谁来做工作，而不是仅仅产生想法？不要只是接受差异的存在，而要试着从他们是特殊人才的角度来看待他们的差异——这些差异可以有效地使你的团队运作更好。

你们有什么共同之处呢？可能是很棒的共同之处（共同的观

点，共同的品位），但这些共同之处并不总是让生活变得简单（共同的爱是可以的，共同的需求是需要控制的）。如果你们都是真诚的领导者，可能都在争夺"驾驶座"。但是，你们最好愿意轮流做领导。你们的共同之处应该被利用——结合起来或交替使用——来真正点燃你们双方的激情，使你们的关系变得特别美好和成功。

听着，不管你们的任务是什么，你们需要一起努力才能成功。如果你把你们共同的天赋结合起来，就会得到更多，比你俩都往不同的方向努力更容易。剥去层层表象，我们都是人，都很害怕，都很脆弱，都在努力让自己的人生变得有意义。如果我们专注于差异并小题大做，我们就有可能失去那些可以帮助我们减轻负担并使旅程更有趣的人的投入和贡献。所有那些粗俗的网络笑话真的没有帮助。现实生活不是这样的。

每个团队都需要不同素质的人来完成任务。

法则
059

允许你的伴侣拥有做自己的空间

这是一个有趣的惯例：我们经常会因为某个人在茫茫人海中显得独立、有力、强大、有责任心、有控制力、非常外向而爱上他／她。当我们"捕获"他／她的时候，可以说，我们会试图改变他／她。如果他／她继续保持独立，我们就会嫉妒。爱情仿佛在某种程度上限制和束缚了他／她的自由，切断了他／她"梦想的翅膀"。

在我们遇到那个人之前，他／她在没有我们的情况下也过得很好。我们一见到他／她，就开始给他／她建议，限制他／她的选择、愿景、梦想和自由。我们需要退后一步，给他／她做自己的自由。

很多人说，我们和他／她的关系已经失去了魔力，不再有火花，他／她已经疏远了。当你更深入地研究这段关系时，就会发现你俩被锁在一种不信任的、压迫的、侵犯性小事件不断的共生关系中。你们不给对方任何空间，更不用说回归自我的空间了。

所以，我们能做些什么呢？首先，退后一步，看看你的伴侣与你第一次见面时的样子。是什么吸引了你？他／她有什么特别之处？什么让你兴奋？

现在看看他／她。有什么不同？什么消失了，什么被取代了？他／她还是那个独立的人吗？抑或，你侵蚀了他／她的空间、自信、独立和活力？也许不是，这似乎有点苛刻，但在不知不觉中，我们确实倾向于控制他／她，他／她确实失去了自己的光芒。

你必须鼓励他／她走出舒适的浪漫关系，重新发现他／她的能量和活力。他／她可能需要花一些时间重新发现自己在独立方面的天赋和技能。有时你可能需要袖手旁观以避免再次控制他／她。所以，你要鼓励他／她。你可以退后一步，先袖手旁观，然后推波助澜，最后不见不散。这是一个艰巨的任务。大多数成功的浪漫关系都有一个重要的因素，那就是彼此独立。两个人分开一段时间，是为了给这段爱情带回一些美好的东西。这才是健康的、美好的、成熟的浪漫关系。

是什么吸引了你？他／她有什么特别之处？
什么让你兴奋？

法则
060

文明做人，礼貌先行

在喧嚣的现代生活中，在日常争吵中，我们很容易忘记自己正在与一个活生生的人打交道，而不仅仅是一个我们在前进道路上遇到的人。我们很容易认为我们的伴侣是理所当然的存在，以为自己感谢过他、赞扬过他、对他说过"请"，但实际上我们忽略、无视了他／她，并且显得粗鲁，通常表现得就像把他／她当成了没有感情的生物。

为了让这段关系充满活力，你必须回到起点，表现得彬彬有礼，这是传统意义上的礼貌。你们必须重新把自己介绍给彼此，作为互相尊重、机智的个体，重新变得愉快、善良和文明。从现在起，不管需要说多少次，你都要说"请"和"谢谢"。你要考虑周到。你要赞美他／她。随时送礼，不需要任何理由。问一些问题，表明你对他／她所说的话很感兴趣。

关心对方的健康、福利、梦想、希望、工作量、兴趣和快乐。花时间帮助对方，关注对方的需求和愿望。花点时间陪在他／她身边——倾听他／她的心声，表现出你的兴趣，表明你仍然爱他／她。不要让善意的忽视毁了你们的关系。

我们对陌生人非常好，通常会把最好的关注留给与自己共事的人。我们在喧嚣中弄丢了自己的伴侣。事实上，我们应该对他／她比任何人都好。毕竟，他／她应该是世界上对我们最重要的人。向他／她证明这一点是有意义的。

当然，如果你已经做了这些，请原谅我多管闲事。

我读过一篇文章，说有个家伙不停地给他妻子买新手提包——总是不合适，不够大，不够结实，不能满足她的需要。她试着解释说，她更想自己买包，因为她已经是个成年人了，但他觉得他对"时尚"的看法比她好得多。最后她给他买了一个包，这使他沉默了一段时间。我认为这是一个极好的、禅宗式的解决方案。她没有生气，也没有对他大喊大叫，只是轻描淡写地取笑他。

你必须回到起点，表现得彬彬有礼。

法则
061

限制不如支持

你与你的伴侣在一起做了很长时间的夫妻，并不意味着你们紧密相连，必须有相同的想法、相同的行为、相同的感觉、相同的反应。我注意到，最成功的浪漫关系是夫妻在一起时很牢固，但分开时也很牢固。最好的婚姻关系是两个人都支持对方的兴趣，即使那不是他们自己的兴趣也无妨。

支持你的伴侣去做他／她想做的事情，意味着你必须非常专注于自己，不要感到嫉妒、不信任或怨恨。你必须做好准备，让他／她独立、坚强，离开你进入外面的世界。这可能很难，会对你提出很多要求。这是对你的关心程度和保护程度的真正考验。

你给予、允许、容忍、鼓励的自由越多，对方回应和报答的可能性就越大。如果你的伴侣觉得自己被鼓励和信任，就不太可能因为感觉自己被束缚住了或被关进了笼子里而"出轨"或想要离开。你越支持对方，对方就越会觉得自己被善待了，这是一件好事。

但如果你不同意对方的想法怎么办？那恐怕你得看看自己的情怀了。你看，你的伴侣是一个独立的人，有权做任何他想做的事——假设这不会伤害到你或以任何严重的方式危及你们的爱情——而你的角色就是支持他／她的人。你可能需要问问，他／她想要做什么，是什么让你觉得难以配合。这可能更关乎你而不是他／她的问题。

问问你自己，如果他／她做了某事，而且会继续下去，最坏的结果会是什么？他／她把你的地板弄得一团糟，毁掉花园的一部分，把钱花在你并不真正想要的东西上，一个星期都不怎么在你身边。现在比较一下他／她想离开你的渴望和与你一起生活感到沮丧和不快乐，哪个更糟？

当然，仅仅因为你的伴侣说他／她想做某事并不意味着他／她真的会去做。然而，非常顽固的人更有可能真的去做，只是因为你反对他／她提到的一切。如果你支持，他／她可能根本就不会麻烦你。

展望一下法则70，你会读到善待伴侣胜过善待挚友的内容，支持伴侣就是其中的一部分。我们忘记了我们的伴侣是一个独立的实体。我们忘记了他／她也有梦想、计划和未实现的抱负。我们的工作是鼓励他／她找到自己的道路，实现自己的抱负，最大限度地发挥自己的能力，让自己变得完整、满意和充实。我们的工作不是贬低他／她，奚落他／她的梦想，轻视他／她的计划，嘲笑他／她的雄心壮志。我们的工作不是打击他／她，赶走他，在他的道路上设置障碍或以任何方式限制他／她。我们的工作就是鼓励他／她展翅高飞。

你必须做好准备，让他／她独立、
坚强，离开你进入外面的世界。

法则
062

做第一个说抱歉的人

不要管谁先挑起的事端，不要在乎那是怎么回事，不要在意谁对谁错，不要想这是谁的游戏。你们俩都表现得像被宠坏的孩子，应该马上回各自的房间去闭门思过。时不时发生争吵是一件很自然的事情。从现在开始，如果你想成为一个忠实的人生法则玩家，我可以从你的眼睛里看出你做到了，你会抢先说对不起。因为这就是人生法则玩家的分内之事。我们要做第一个说抱歉的人。我们对自己争夺了第一而感到非常自豪，因为我们对自己的感觉是如此坚定，即使我们说的是"对不起"，我们也不会感到有任何损失。我们不会感到有威胁、有挑战或表现得软弱。我们可以说对不起，但仍然很坚强；我们可以说对不起，并且留住我们的尊严。

我们会说对不起，因为我们很抱歉。我们很抱歉卷入了一场任何形式的争论，而且由于争论的本质，我们至少忘记了五条法则。

你看，如果到了闹翻的地步，无论多么微不足道或无足轻重，我们都已经犯了一些重大错误，因此，无论争论的内容是什么，我们都应该先道歉，因为我们错了。争吵是我们道歉的原因。不管发生了什么，我们先说对不起，因为我们高尚、温和、大方、端庄、成熟、懂事、善良。哦，我懂的，我们必须做到这一切，还要说抱歉。这是艰难的决定、艰巨的任务。就这么做，看看它会让你感觉多好。站在道德的高地上，景色总是美妙的。

如果你和你的伴侣都在读这本书，会怎样呢？嗯，你不能告诉对方你的秘密，但要抢先说对不起。这可能会很有趣。让我知道你们进展如何。

抢先说对不起有很多好处，即使它确实让你有点卡顿。这不仅能给你带来道德上的优势，还能缓解紧张气氛，消除不良情绪和隔阂。如果你抢先道歉，你的伴侣可能也会谦卑地道歉。也许吧。

永远记住，你不是在为你犯下的罪行或失礼道歉，你是在为一开始就不成熟地争论而道歉，为发脾气而道歉，为忘记法则而道歉，为土里土气、争强好辩、固执、粗鲁、幼稚或其他方面而道歉。惩罚结束，你现在可以走出房间透透气了。

我们可以说对不起，并且留住我们的尊严。

法则
063

—

多迈出一步去宠他

怎么啦？你必须是抢先说对不起的人，鼓励和支持你的伴侣，给对方自由，做他／她的坚强后盾，对他／她友好。现在我想说的是，你也要多迈出一步去取悦他／她。别人会以为你这么做是出于爱。你会认为这是为你崇拜、尊敬的人而做的，是为你真正关心的人而做的。没错，这就是它的意义所在。你这样做是为了取悦在这个世界上对你最重要的人，你心爱的、珍惜的、关心的人，你生命中最重要的人。这是关于你的爱、搭档、宝藏、灵魂伴侣、密友的行为。那你有什么问题？你为什么不想这么做？你为什么不立即开始这么做？

所以，如果我们想做，应该做什么？答案很简单，未雨绸缪就好。生日计划不仅仅是一份礼物、一张卡片、一些花和酒吧里的几杯饮料。你要考虑你的伴侣在生日、节假日、长周末和周年纪念日想要做什么和可能想要什么。你要花大力气去了解他／她真正喜欢什么，然后作为礼物送给他／她。我说的不是钱，而是给他／她惊喜，找到一些小事情来取悦他／她，并表明你在为他／她着想。提前安排好礼物，让他／她知道这些礼物有多特别，以及你有多在乎他／她。

给你的伴侣做一顿惊喜的大餐，给他／她倒杯咖啡并端到他／她的床边，在他／她的椅子旁放一瓶他／她最喜欢的花，为他／她把洗碗机里的东西卸下来，把他／她的生日礼物精心地包装起来并系上丝带。看到了吗？这不需要花费多少时间或金钱，但这可以表明你在考虑他／她的福利和幸福。

你得找到超越正常、超越预期、超越任何人的方式来取悦他／她。这是一个极好的机会，可以同时发挥你的创造力、冒险精神和关爱他人的精神。没时间吗？那你必须审视自己的优先事项清单了。还有什么比让你的爱人、伴侣、密友开心更重要的呢？（是的，爱人、伴侣、密友是同一个人，而不是三个人。）

你为什么不想这么做？

你为什么不立即开始这么做？

法则
064

|

知道何时倾听、何时行动

　　我不知道，对我们这些男性来说，学习本条法则是不是更难，反正我觉得这很棘手。每当有人有问题的时候，我都想冲出去做点什么。做什么不重要，只要我在做，做什么都行。

　　事实上，我经常需要的是坐下来倾听。我的妻子告诉我她遇到了问题和麻烦并不是为了让我彰显男子气概去拯救她于水火之中，或者单枪匹马地为她接管世界。她需要的是一个心怀同情的倾听者，一个哭泣时可以依靠的肩膀，一个"哦，那对你来说一定很糟糕"之类的回应，以及我的全神贯注。这是一个棘手的问题。我一听到这个问题就蔫了，或者更确切地说，我已经开始思考解决方案了。

　　但对我来说，当我遇到问题时，我不想听到同情的声音和鼓励的声音。我不想要一个可以分享的心灵空间。我只想要一个解决办法、一个提供帮助的提议、一个帮手、一根结实的绳子或一

把螺丝刀。[⊖]

    我所有的问题都与客体相关，需要切实可行的解决方案。所有我发现最难倾听的问题都是与人有关的，需要一个完全不同的解决方法。知道何时倾听、何时行动是一项非常有用的技能。我不能不停地打断那个要与我分享问题的人，但还依然会说："站着别动，我完全明白你需要什么。"然后急匆匆地去拿我的工具包。

    当然，有些问题实际上是没有解决方案的，这不是我们被告知这些问题的原因。别人告诉我们有麻烦，我们就会成为这个问题解决过程的一部分——也许是同情、悲伤、震惊、同理心、善意、情感建议、牵手。知道何时喝茶聊天和展示同理心，何时提供工具包，是一种需要学习的技能。一个优秀的人生法则玩家会正确地做到这一点。（是的，我知道，但我仍然经常出错。）

知道何时喝茶聊天和展示同理心，
何时提供工具包，是一种需要学习的技能。

⊖ 或者任何工具，只要能解决我的问题就行。

法则
065

以浪漫之名点燃共同生活的激情

听说，你与你的伴侣相遇、相爱并决定共度一生。我希望你们就是这样的。但你们有多大的决心呢？我不是开玩笑，我是认真的。只是住在一起搭伙过日子而没有真正的交流，恐怕不够好。你们必须对你们的共同生活充满激情。什么？激情。"在一起"必须是一条强大的纽带，一种共同的经验分享，一种让你们都梦想成真的浪漫。爱不是为半死不活的人准备的，不是为熟睡的人（甚至只是打瞌睡的人）准备的，也不是为那些懒得再努力的人准备的。你们必须做出努力，保持清醒、保持联系、保持协调和同步。你们必须分享梦想、目标、抱负和计划。你们必须要有激情地和彼此在一起。

听着，我知道所有的关系都会经历高峰和低谷。我知道我们有时会自鸣得意，甚至有点无聊。但在某种程度上，你把自己的生命奉献给了别人的幸福，这需要专注、力量、激情、动力、热忱和努力。什么？我们并不是为了别人的幸福存在的？那我们在干什么？从某种意义上说，这就是爱情的全部意义。

你要真正关心你的伴侣，一直爱着他/她，希望他/她是充实的、成功的、快乐的、完整的。

理想情况下，这事儿你只有一次机会（我知道很多人一生中有好几个伴侣，但我认为每段婚姻的目标都是一辈子在一起，而不是分手）。你们要建立基于相互信任、责任、共同快乐、动力和追求卓越的良好关系。不是吗？如果你想要最大限度地利用这次机会，那就必须照做。你的伴侣不只是在你感到厌烦想要有人陪伴的时候陪你聊天。他/她在你身边是因为他/她爱你，你也要爱他/她。他/她是为了你俩建立浪漫关系而存在的。如果这都不是一个人充实生活、充满激情所需要的动力，那我真不知道还有什么动力可言了。

你把自己的生命奉献给了别人的幸福。

法则
066

注重隐私与尊重

我现在是在谈论性吗？其实不是。我要讲的是爱。如果你在恋爱中也被爱着，那么发生性关系就是水到渠成的事了，这既有趣又充满了各种问题。在一段关系中，作为成功的人生法则玩家，我们必须善良、礼貌、恭敬、有创造力、懂尊重、深思熟虑、体贴和保持吸引力。在性关系中，我们也必须具备上述这些品质。我们必须考虑到伴侣的需求和愿望，而不是让自己陷入麻烦或者觉得尴尬。我们有权在两性中保留隐私并得到尊重。

我们的伴侣也是如此。"体贴"必须是关键词。我们必须贴心地考虑到他/她需要什么、想要什么、有能力做什么。我们必须相敬如宾。

除此以外，还要有激情和刺激。我们不需要被驯服才能体贴，不需要被抑制才能善良，不需要听使唤才显得尊重对方。这并不是说仅仅因为我们考虑到了伴侣的安全、隐私和健康，就让性生活变得枯燥乏味。即使是最情意绵绵的恋人，也可以让体贴和狂热共存。

与你爱的人发生性关系在某种程度上是一种荣幸。发生性关系是我们与另一个人最亲近且最亲密的接触方式。

我们应该尊重对方，同时尝试提升技巧。如果技巧不足，我们可以花一点时间来学习。这不丢人。我们不可能生来就是世界上最好的爱人。

我们有权在两性中保留隐私并得到尊重。

法则
067

夫妻对话，交身也要交心

夫妻之间要保持对话。当麻烦来临时，夫妻对话能让我们摆脱困境。当夫妻之间遇到困难的时候，互相倾诉会让双方渡过难关。当感到乐观和兴奋时，夫妻对话会帮助彼此分享喜悦。

如果夫妻不交谈，那一定有问题。交谈帮助夫妻相互理解、倾听、分享和沟通。

很多人认为沉默意味着有问题，有什么不对劲。当然，我们不需要打破所有的沉默，但在与伴侣交谈时，有一些非常基本的礼仪法则：

- 确认你的伴侣在和你谈话——我指的不是哼哼或叹气。
- 每隔几秒钟就确认一下你还醒着、很活跃，还在房间里，对话题感兴趣，还在专心聆听——可能是点头（表示赞成或反对），也可能是鼓励的声音（嗯，哦）。
- 要意识到，作为爱人或伴侣，挑起对话是你的职责之一，你应该善于夫妻交心。

- 良好的谈话带来良好的性爱——如果你与你的伴侣不交谈，就不会调情、牵手，也没有爱的诱惑。通过交谈，你们正在进行一种被称为"发生性关系前的爱抚"行为。
- 交谈有助于解决问题，沉默只会放大问题。
- 交谈能让你与伴侣相偎相依——这是你们第一次坠入爱河时经常做的事，记得吗？

显然，沉默是存在的，但交谈是健康的、有成效的、友善的、友好的、有爱的、善良的和有趣的。沉默可能是无聊的、无益的、具有破坏性的和带有威胁性的。很明显，夫妻间有优质谈话，也有碎碎念。确保你不会一直絮絮叨叨，不要用无意义的琐事来填补沉默。虽然闲聊是可以的，但谈话必须有目的。不要没完没了地唠叨。所以，现在就开启夫妻间的理性对话吧！

如果夫妻不交谈，那一定有问题。

法则
068

不要以爱之名窥探私隐

"我想一个人待着……"尊重、隐私、信任和诚实是我们每一个人的权利。但在所有这些中，隐私是最神圣、最不可侵犯、最不可触及的。

你必须尊重伴侣的隐私，就像他/她尊重你的隐私一样。如果你不这样做，就不得不质疑信任、尊重和诚实。如果这些要素都不见了，你所拥有的爱情关系也就结束了。老实说，如果没有爱，我不知道你和你的伴侣之间会剩下什么，只知道此时的婚姻犹如"停尸房"。所以，我假设你们之间有一段健康的关系。这意味着你尊重伴侣的隐私。你们在所有领域都要互相尊重隐私。

如果你的伴侣选择不和你讨论某件事，那是他/她的权利，你没有权利做以下的事情：

- 用甜言蜜语哄骗。
- 威胁。

- 情感勒索。

- 贿赂。

- 保留特权。

- 试图用不正当的手段和方法找出真相。

耍嘴皮子套话也算是一种禁忌。隐私不仅仅是不要在别人不注意的时候打开他的帖子、听他的电话留言或阅读他的电子邮件，还包括确保他／她可以自己洗澡——我们在生活中都需要一定程度的优雅和尊严，而独自洗澡实际上是隐私标准的底线。总是共用浴室是不可取的，这太可怕了。如果你不能有独立的浴室，至少在浴室里有一些独立的隐私活动。我知道，一起洗澡之类的事情也许让大家觉得非常亲密和浪漫，但你也不想当着爱人的面剪脚趾甲或挤黑头呀。不要这样做。温斯顿·丘吉尔（Winston Churchill）说，他之所以能维持婚姻长达56年（不管婚姻有多长），就是因为他俩有各自的浴室。所以，在暧昧缠绵的亲密共浴中，你也要保持自己的隐私，并确保你不会侵犯任何人的隐私。你可以将这条法则扩展到整个宇宙中的每个人，而不仅仅是你的伴侣。

如果你觉得要侵犯别人的隐私，就好好审视一下自己，搞清楚原因。真相也许令人不快，但你必须知道。

————

如果你觉得要侵犯别人的隐私，
就好好审视一下自己，搞清楚原因。

法则
069

确保有共同目标

当我们第一次邂逅并坠入爱河时，我们认为自己对这份爱情了如指掌。我们有很多共同点。这一切看起来是那么简单、那么直观、那么自然。我们当然想要同样的结果。诚然，我们是同一枚硬币的两面。当然，我们要共享同一条"人生高速路"。

大错特错。"人生高速路"有时会分岔，如果你不小心，就会永远看不见对方。你必须不断检查你俩是否在查阅同一张地图，也就是说，你要确保你俩都朝着同一个目的地前进，甚至都朝着同一个方向前进。

那么，你们的共同目标是什么呢？你们想去哪儿呀？不要暗地里揣测对方的想法，也不要猜测共同目标。你必须知道你的伴侣心中的目标是什么，以及你认为的目标是什么。你俩的答案可能天壤之别，也可能非常接近。只有你问了他/她，才会知道答案——当然是小心翼翼地问，别把你的爱人吓着了。

你必须区分共同的目标和共同的梦想。我们都有梦想——海边的小屋、环球旅行、法拉利，马里布的第二个家、专门建造的酒窖（当然是库存满满）、巨大的游泳池——但目标是不同的。目标是生孩子（或不生）、经常旅行、提前退休并旅居西班牙、把孩子培养成快乐且适应能力强的人、夫妻相伴共度时光、搬到农村或城镇、一起接受裁员并在家工作、一起经营自己的生意、养一条狗。我认为，梦想是指你们有一天想要实现的事情，而目标是指你们一起做的事情。梦想是双方都想要的收获；目标是你们需要对方才能达成的共同目的，因为没有对方，目标就毫无意义。

这条法则的关键词是"审视"。为了审视夫妻之间有没有共同目标，你必须和你的伴侣谈谈你俩想去哪儿以及你们正在干什么。不需要浓彩重墨，可以是一个简单的回顾，只是为了保持联系，检查你们是否在同一条轨道上；也不需要至纤至悉，只要一个简单的问题就可以确定一个大致的相似方向，而不是试图为你们未来的生活勾画出一个包罗万象的蓝图。

你必须和你的伴侣谈谈你俩想去哪儿
以及你们正在干什么。

法则
070

善待伴侣胜过善待挚友

前几天我和一个朋友谈论这条法则，她断然反对我。她说："你必须善待挚友胜过善待伴侣，因为你更了解朋友，你应该对他们更忠诚。"然后我又和另一个朋友聊了聊，她持相反的观点：善待伴侣胜过善待挚友，因为你不太了解你的伴侣。真有意思。我的观点是，你应该善待伴侣胜过善待挚友，因为你的伴侣既是爱人又是朋友，最好是像挚友一样。

如果你的伴侣不是你的挚友，那谁是呢？是因为他／她是异性，而你需要一个同性挚友；或者他／她是同性，而你需要一个异性挚友？是因为你不把爱人当朋友看待吗？如果你的回答是肯定的，那你把他／她当什么啦？他／她做你的伴侣有什么用呀？

强调一下，这里的关键词是"慎重"。善待伴侣胜过善待挚友，意味着你已经考虑过这个问题，并做出了慎重的决定——只要足够慎重，你也可以选择善待挚友胜过善待伴侣。

我本以为，善待伴侣胜过善待挚友是理所当然的。这意味着不干涉，尊重他／她的隐私，把他／她当作独立的成年人来尊重。你只要看看周围就会发现，大多数夫妻都把彼此当作小孩子，婚姻生活中充满了唠叨、责骂、争论、批评、挑剔。他们不会这样对待朋友，那么，他们为什么要这样对待一个对自己意味着"整个宇宙"的亲密爱人呢？

我给你们举个例子。你的朋友驾驶着一辆车，而你是车里的乘客。你的朋友犯了一个愚蠢的错误（虽然不危险）。你可能会嘲弄和取笑他。

现在想象一下同样的场景，换作是你的伴侣把事情搞砸了。你会：

- 数落他／她，让他／她觉得自己很渺小？
- 责骂他／她，让他／她在很长一段时间内都记住这个耻辱？
- 把他／她的糗事告诉别人？
- 暂时接管驾驶，理由是他／她的驾驶技术太差了？
- 嘲笑他／她，就像对待朋友一样对待他／她？

希望是最后一个，但看看其他有类似情况的夫妻，看看他们是怎么做的。

你把他／她当什么啦？

他／她做你的伴侣有什么用呀？

法则
071

满足感是一个崇高的目标

如果你问其他人在生活中想要什么,他们会说:"哦,我想要快乐。"同样的道理,如果你问他们对孩子的期望是什么,他们会说:"我不介意他们做什么,只要他们开心就好。"你最好还是期望你或你的孩子能成为宇航员或脑外科医生吧——至少那时你或你的孩子有机会参加体育运动,还有可能达标。

幸福是一种虚幻的东西,你不必花太多时间去追求。幸福在生命光谱的一端,痛苦在另一端。幸福是一种极端的状态,就像痛苦代表另一个极端一样。如果你回想一下生活中你曾经快乐的时光——或者你认为你曾经快乐的时刻——我敢打赌,这其中还包含着其他极端的感受。孩子的出生让你极度兴奋、极度好奇。成功分娩让你极度轻松。但是,幸福呢?我不确定。

人们认为,当他们度假放松、受到刺激或从忧虑中解脱出来时,他们会感到快乐。事实也确实如此。追求快乐是"程度越高越好",你永远不会抵达巅峰,因为快乐不设限。你只需要一直朝着更大的目标前进。与其追求快乐，不如追求满足感。满足感是可以实现的。这是一个值得追求的目标。

这尤其适用于爱情。我们大多数人都想疯狂地坠入爱河，产生强烈的"化学反应"——像烟花一样绚丽，像蝴蝶一样美丽，不可思议的感觉。但这种强度不能也不会持久。总有一天你得回到现实中去，继续你的生活。没有人能一直保持在那种强度和高度的心灵状态。当你的兴奋褪去，满足感才是你所希望的，你得重新回到一种轻松快乐的简单状态。事实上，满足感是更有价值的目标，因为它能持久。

所以，如果你发现，你和某人在一起的时候，没有盛大的烟火表演，没有心悸和极端的感觉，但有一个基本的满足感、温馨感和爱的感觉，你应该为此感到开心。

———————

当你的兴奋褪去，满足感才是你所希望的。

法则
072

———

夫妻双方不必遵守同样的法则

很多夫妻都假设，对双方来说，一切都必须是一样的——夫妻双方必须遵守一套相同的法则。其实不是这样的。对于重要的领域，你可以根据不同的法则进行操作。最幸福、最成功、最牢固的关系是夫妻双方都明白自己的法则需要灵活变通，并相应地调整他们的关系。

你想让我举个例子吧？假设你们中的一个人非常整洁，而另一个人则非常邋遢（不管是哪一方面）。通常情况下，你们会一直盯着对方，说对方有多邋遢/多整洁。争执或麻烦就会出现。这是因为你们都在努力遵循同样的法则——我们都必须整洁，或我们都必须邋遢。换个法则怎么样？我可以邋遢，你可以整洁。我可以有邋遢的地方，你也可以有整洁的地方。现在你们不争吵了，因为各自遵守不同的法则。你无须违背自己的本性去保持整洁，对方也不必违背他/她的本性去制造邋遢。

还要再举一个例子？好吧，先说说我的妻子，她讨厌别人拿她打趣，也讨厌被人胳肢。我呢？我是不介意的。她的法则是不让别人拿她打趣或胳肢她，而我的法则是我可以接受。[⊖]你可能是那种想知道你的伴侣在哪里的人，而他／她并不关心你在哪里，也不指望你给他／她报备。所以，你可以制定一个法则，让你的伴侣告知他／她要去哪里，让你放心，但你不需要让他／她完全了解你的情况，因为他／她并不担心。

你的伴侣可能需要不断地求证你爱他／她，可能需要你一天跟他／她表白好几次。你可能更喜欢别人不那么频繁地向你表达爱意，但你需要他／她发自内心地表白。所以，你要制定一个法则：你可以经常提到"我爱你"，但他／她不必每次都答以"我爱你"。萝卜青菜各有所爱嘛！

最幸福、最成功、最牢固的关系是夫妻双方
都明白自己的法则需要灵活变通。

⊖ 不是谁都可以胳肢我，这是我妻子的专利。你当然不能过来胳肢我。

第三章

亲友关系法则

　　如果你把自己想象成自己那个小宇宙的中心，那你周围的那一圈是你的爱人，即你的伴侣。这是你最亲近、最亲密的关系。再外面一圈是你的家人和朋友。这些人是你最爱的人，你选择花最多的时间和他们在一起，他们也最爱你。这些人可以和你一起放松，随意踢掉鞋子打赤脚，做真实的自己。但是，仍然有法则需要你们遵守。你仍然可以用一种正确的方式和一种不那么正确的方式来对待他们。你的举止依然要体现出荣誉、尊严、尊重。你对你的孩子、父母、兄弟姐妹和朋友负有责任和义务，必须认真对待。

　　你有一大堆的"帽子"要戴，这些头衔包括父母、朋友、孩子、兄弟或姐妹、叔叔或阿姨、教父、侄女或侄子等。因此，你有一整套法则和职责要履行。我会在下文中指导大家如何最好地发挥这些角色的作用。

　　在我们的一生中，我们必须与他人互动。我们总是（在情感上）与他们产生摩擦，我们必须有一些法则来管理我们的行为，这样我们才能按照法则做正确的事，引导我们处理棘手的情况、接受新的体验、维持亲密的关系。

　　如果我们想要与家人和朋友的关系良好，并且让他们对我们有最好的评价，那么就确实需要慎重地思考这些人际关系，而不是像大多数人那样在思维的方向盘上打瞌睡。我们要慎重地反思自己正在做的事情，这样我们才可以改善关系、解决问题、鼓励彼此，并在前进的道路上广泛传播一份温暖和快乐。还有什么比这更好的呢？

法则
073

如果你想交朋友，那就先对别人好

做真正的朋友要勇于承担巨大的责任。你必须忠诚、诚实（但不要老实过头）、可靠、可信、友好（真的很有道理）、令人愉快、开放、善于交际（如果你不善于交际，交朋友也没什么意义吧）、反应迅速、热情好客、和蔼可亲。你有时也要宽容，准备好提供帮助和支持。同时，你也不想被人利用或被人欺骗。有时你可能不得不直言不讳，并准备好冒着失去友谊的风险说实话。然而，有时你也需要保持沉默，保留自己的意见。他们是你的朋友，不是你的克隆体——他们的做事方式与你的不同。你得做他们的顾问、忏悔者、牧师、帮助者、伴侣、朋友、知己和同志。你必须表现出热情、决心、兴趣、激情，以及乐于奉献、富有创造力和充满动力。

这就是你要做的。他们要做什么呢？在理想情况下，他们要做同样的事。如果他们没有做到这些，你仍然会继续做他们的朋友，原谅他们、支持他们且陪在他们身边。

我想，你必须从这条法则中学会的最重要的一点就是陪伴。当他们经历困难时，你陪伴在他们身边，而不仅仅出现在他们的快乐时光里。你会在他们需要你的时候及时出现，无论是在清晨、在黑暗的日子还是在困难和压力重重的时候。你会握着他们的手，让他们靠在你的肩膀上哭泣，借给他们一块手帕，拍拍他们的背，给他们泡上一杯又一杯的茶。你要鼓励他们振作起来，准备好东山再起。

　　你会给他们好的建议，会时不时地倾听。即便你不想出现，也得出现在他们的身边。当他们所有的朋友都半途而废时，你还会在他们身边。无论发生什么，你都会陪伴他们。

　　有人曾经说过，真正的朋友是这样的人：你可以在他上飞机远行的时候和他保持联系。你们十年没有见面了，当他回来的时候，他一边走下飞机一边继续和你对话，一切都仿佛是十年前的样子。好朋友之间就是这样的。

最重要的一点就是陪伴……
而不仅仅出现在他们的快乐时光里。

法则
074

永远也不要忙得顾不上你爱的人

在匆忙的生活中，我们很容易忽略身边的人。我就常常这样。我有几个很特别的兄弟，和我很亲近，我忘了打电话，忘了保持联系。不是因为我不在乎，而是因为我太忙了。不可原谅。我不时地会抱怨他们没有联系我。当然，我不像他们那样经常保持联系。我们必须挤出时间，因为时间过得很快，如果我们不这样做，几个星期就会变成几个月，然后在不知不觉中变成几年。

孩子也是一样。父母都暗藏着这样的幻想："回到维多利亚时代的理想状态，在睡觉前一个小时去看看孩子们，在那之前，保姆给他们洗好了澡，穿上了睡衣，准备好了松饼和果酱。这难道不是相聚的好时光吗？"就算你不这样做，我也会这样做。但是，我们在与孩子、兄弟姐妹、父母、朋友的关系中投入的越多，从中得到的也就越多。我们必须采取行动，打电话，保持联系。如果他们不这么做，会怎样呢？嗯。你现在是人生法则玩家。

这就是你要努力做的。你在处理你的生活、愧疚感（你无须愧疚，因为你打电话、写信、保持联系）、宽恕心理（他们不打电话、不写信、不保持联系）、普通人际关系方面变得异常成功。你占据了道德的制高点，是第一个伸出友谊之手的人，也是第一个选择原谅和忘记仇恨的人（我不在乎争吵有多严重，人生法则玩家永远不会心怀怨恨……）。

无论你的生活多么忙碌——我希望这些法则能消除一些压力，释放一些时间——你必须挤出时间。你必须为你身边那些因你而与众不同的人腾出优质时间（抱歉，我也讨厌这样的表达）。

那些爱你的人会及时得到回报——这是一种公平的交换。他们爱你，你给他们一些你自己的东西，一定要是珍贵的东西，那就是你的时间和注意力。你心甘情愿地这样做，而不是把它当成一件苦差事。你要有奉献精神和热情，否则还不如不做。例如，花一些工作时间和你的孩子在一起是没有意义的，请用这些时间来赶工作、看报纸或准备明天的午餐盒。你必须全心全意地为他们服务，否则他们会知道你的注意力在别处，他们会觉得自己被你欺骗了。

所以，当电话铃声响起，而你正忙着做某事的时候，那就不要接电话，不让这通电话影响你上网或写邮件。要么把所有的事情都放下，接起电话，给对方充分的关注，要么问他们是否可以稍后给他们回电话——但要确保你真的会回电话。也许有一天他们不在了，你会迫切希望自己当初真的倾听了他们的倾诉。但那就太迟了。所以，为那些重要的人腾出时间吧，就在今天。

————

我们在与孩子、兄弟姐妹、父母、朋友的关系中
投入的越多，从中得到的也就越多。

法则
075

放手让孩子试错

　　我有孩子，我自然希望他们快乐、适应良好、成功。但我也暗藏着秘密计划吗？我想让他们成为医生、律师、外交官、科学家、考古学家、古生物学家、作家、企业家或宇航员？

　　不。我不这么想。我敢说，我从来没有对他们窝藏过这样的野心。我确实希望他们有自己的想法，但有时我也会因为他们的职业选择看起来有点不寻常而感到失望——这根本不是他们的风格。但你必须让他们犯错。你不能一直引导他们走正确的路，否则他们永远不会自己学习。

　　这就是这条法则的意义所在：给你的孩子把事情搞砸的空间。我们都这么做过。我曾被给予了巨大的犯错空间，而且我做得"很好"。结果呢？我很快就弄清楚了什么有用、什么没用。我有一个表亲，他没有得到同样的自由，而是受到了更多的保护，他也没有机会把事情搞得那么糟。但在后来的生活中，他是第一个同意这一法则的人，他以一种如此不幸的方式管理自己的生活，以至于他搞砸的事情真的很糟。我们都会犯错。最好在我们年轻的时候就犯错，这样我们还有东山再起的能力。

75%的父母都是在孩子的成长过程中逐渐成长起来的。父母也有犯错的自由。问题是，如果你作为父母做错了事，你的错误真的会对孩子的人生产生负面影响。这就是为什么我们很难袖手旁观，眼睁睁地看着孩子做出错误的选择。我们想跑到他们身边，保护他们，给他们多一点培养，让他们免受伤害。但他们必须通过犯错来学习。如果我们认为只有我们告诉他们怎么做，他们才能学到东西，那我们就大错特错了。他们必须亲身体验生活，才能真正掌控人生。这是真实的，他们无法从书本上、我们身上或电视上学到这些。吃一堑长一智。你要做的就是拿着膏药和杀菌剂站在孩子旁边，然后亲一下你的宝贝，相信一切伤口都会愈合。

你当然可以问一些引导性的问题：你确定这是个好主意吗？你想清楚了吗？那之后会发生什么呢？你能请得起那么长的假吗？不会有点疼吗？你以前没试过这种方法吗？当你看到朋友即将犯下大错，但你不想让他扫兴时，你也可以这样做。尽量不要让你的问题听起来太武断或太絮叨，否则他们会无视你，继续固执己见。

你不能一直引导他们走正确的路，
否则他们永远不会自己学习。

法则
076

给父母多一点尊重和原谅

　　这条法则可能会影响到你，也可能不会。就我个人而言，严格来说，我现在是个孤儿，这应该不会影响到我。事实也确实如此。我从小就被两个障碍所困扰：父亲不知所踪，母亲难相处。我的兄弟姐妹也有同样的家庭背景，但我们都有不同的处理方式。我发现，一旦我也有了孩子，明白这是一项多么困难的工作，我就更容易与母亲妥协了。我也可以看到，有些人本能地、自然地擅长于此。坦率地说，有些人在这方面毫无用处。我母亲属于后一类人。这是她的错吗？不。我应该责怪她吗？不。我能原谅她吗？没什么好原谅的。她踏上了一条孤立无援、缺乏技能、困难的人生道路。结果呢？她对待孩子的态度很糟糕，我们可能都需要被治愈。或者我应该宽恕和尊重她。为什么她要因为把一项困难的工作做得很糟糕而受到指责呢？我们生活中的很多领域都有可能发生效率不高、技术不熟练甚至热情不高的情况。

　　你的父母已经尽力了。这对你来说可能还不够好，但仍然是他们能做的最好的事情。如果他们不太擅长，就不能怪他们。我们不可能都是出色的父母。

我那个缺席的父亲呢？那也没关系。我们都会做出选择，尽管别人会认为这些选择是糟糕的、不可原谅的，或者纯粹是自私的和错误的。但我们还没到那一步。我们不知道人们有什么弱点，或者驱使他们做错事的是什么，或者他们脑子里到底在想什么。除非我们也不得不做出同样的选择，否则我们无法做出判断。即使我们选择了另一种方式，那也没关系，但我们仍然不能挑剔或指责父母。

所以，鉴于是他们把你带到这个世界上的，请多一点尊重和原谅。如果他们做得很好，那就赞美他们。如果你爱他们（没有规定说你必须这样做），那就告诉他们。如果他们在育儿方面做得很糟糕，那就原谅他们，然后向前看。

作为子女，你有义务尊重父母。你有责任善待他们、宽容他们，不对他们吹毛求疵，这样你才能超越他们。同时。你还可以超越你的教养。

我们生活中的很多领域都可能发生效率不高、技术不熟练甚至热情不高的情况。

法则
077

给孩子一个自新的机会

我们将讨论的话题是良好的育儿方式是怎样的，即你作为父母的作用是什么。首先，让我们看看本条法则。这意味着你要支持和鼓励你的孩子。事实上，这应该是指支持和鼓励所有的孩子，而不仅仅是你自己的孩子。孩子们遭遇了来自四面八方的压力，他们生活中出现频率最高的字就是"不"。"不，你不能这么做。""不，你还不够大。""不，你不能吃那个。""不，你不能去那里。""不，你不能看那部电影。"回想一下，看看你是不是不一样的父母。

对我们来说，说"不"非常容易。这个字很容易脱口而出。但要给予支持和鼓励，我们必须训练自己摆脱这种情绪。我们必须学会说"是"。显然，我们需要根据孩子的年龄、技能或发展情况，对"是"的含义进行限定。但一个响亮的"是"会给他们很大的鼓舞，即使后面跟着"但现在不行""等你够大了"或"等你攒够了"。

父母也很容易对孩子说"你不擅长那个"或"如果我是你，

我不会那样做，你只会失败"。父母最好鼓励孩子，让他们知道他们可能会失败，而不是事先在他们脑海中设定失败的想法。我知道父母都想保护孩子免受伤害、失败和失望。但有时父母必须推动孩子前进，暂时把这些担忧搁置一边。

真正称职的父母会说："加油，你能做到的，你会做得很好，你会很棒的。"父母要正面肯定孩子的执行力，让孩子相信自己，这样可以做得更多、追求更多、成就更多。如果父母只是说"不"，那么，孩子会在自卑和缺乏自信中长大。

一位朋友回忆说，她6岁时非常想成为一名芭蕾舞演员。但当时已经有迹象表明，她注定要成为现在1.8米高的、体格健壮的大脚女人——这种形象和芭蕾舞演员的形象相差很大。她的父母肯定能看到这一点，并告诉她应该做点别的事情，比如选择儿童全能摔跤。但是，他们给她找了一个芭蕾舞班。没过多久她就意识到跳芭蕾舞不适合她，并且选择放弃，因为学跳芭蕾舞让她腿疼。然而，停止学跳芭蕾舞是她自己的选择。她离开的时候，自尊丝毫未损（她只希望父母没有拍到她跳芭蕾舞的照片）。

不管孩子想做什么，父母的工作不是去更改他们的梦想、挡他们的路、表达自己的担忧、限制他们的希望或以任何方式打击他们。父母的工作是在支持和鼓励的同时给予指导，给他们资源去实现他们的目标。孩子是否成功是顺带而为之的。父母只要给他们机会，就万事大吉了。

孩子们遭遇了来自四面八方的压力，

他们生活中出现频率最高的字就是"不"。

法则
078

永远不要随意借钱给别人

这条法则的全称应该是：永远不要借钱给朋友、孩子、兄弟姐妹甚至父母，除非你想损失这笔钱，或者放弃这段友情或亲情。

我记得有一个关于大作家奥斯卡·王尔德（Oscar Wilde，如果我记错人，请指正）的有趣故事。他从朋友那里借了一本书，却忘了还。有一天，他的朋友来他家要书，这时奥斯卡已经把书弄丢了。他的朋友问他："你不还书，是不是在损害我们的友谊？"奥斯卡只是回答说："是呀！但你要我还书，不也是在损害我们的友谊吗？"

如果你借钱（或书等其他东西）给别人，那就要做好这些东西可能会丢失、被遗忘、无法归还、被损坏、被忽视的准备。

如果你很珍惜某个东西，那从一开始就不要把它随意借给别人。如果它对你很重要，就好好保管。如果你借出了任何东西，就不要指望对方会还给你，除非你愿意为此牺牲你们的友谊。如果你能拿回来，那就是额外的奖励；如果你拿不回来，从一开始你就要做好心理准备。

很多父母都会借钱给孩子，当他们得不到偿还时，就会感到非常受伤和失望。但是，他们一直在给孩子钱，等孩子长大了去上大学（或做其他事情），父母突然转变口吻说这是贷款，要求他们偿还。孩子当然不会还钱，因为父母以前没这么教导孩子，现在指望孩子还钱是不现实的。如果孩子真的还钱了，父母就该好好想想自己有多幸运，并应对此心存感激。

朋友也是一样。如果不还钱让你耿耿于怀，就不要随意借钱给朋友。毕竟这是你的选择。你不需要把任何东西借给任何人。如果金钱对你来说比友谊更重要，那当然要让对方偿还——还要加上利息。

兄弟姐妹或父母也是如此。那么，你应该把钱借给谁呢？当然是陌生人，不过他们也不愿意还钱。

如果你很珍惜某个东西，
那从一开始就不要把它随意借给别人。

法则
079

不要对别人指手画脚

我有一个朋友，她有三个小孩。她最近告诉我，在她有孩子之前，她并没有真正理解那些有孩子的人告诉她的事情。她并不总是认同他们所说的疲劳或时间安排上的困扰，她也未必相信孩子们会那么吵闹。即使她有了两个孩子，她也不太明白那些有两个以上孩子的人对她说的话。然而现在，她终于真正明白了，只是和她想象的不一样。

你可能会想，如果自己有两个孩子，就会知道有三个孩子的人的生活是什么样的。但其实你不会知道。事实上，你甚至不知道其他有两个孩子的家庭的生活状况。他们的孩子和你的孩子的性别可能不同、年龄相差更大，或者他们的经济状况不及你，或者他们的工作时间和你不同。即使是表面上相似的情况，也可能存在隐藏的不同。

我们都有自己的个性、价值观、长处和短处。我认识一个失去丈夫的人。她讨厌和幸福的夫妇在一起，因为这会让她想起她失去了什么。我认识的另一个丧偶的朋友，她不介意花时间和幸福的夫妻在一起，因为她认为这与她自己的婚姻没有关系。两者都没有对错之分，但都有各自的背景和态度。

我想说什么？本质上，不要对别人指手画脚。试着穿着别人的鞋走一公里，然后再去猜测他们的生活是什么样的。我母亲把自己的一个几周大的孩子送给别人收养。多年来，我一直认为这是一件可怕的事情。但当我有了自己的孩子后，我意识到我没有办法评判她所做的是否正确。她已经有了五个孩子，还守了寡，因此是家里唯一挣钱的人（在 20 世纪 50 年代，挣钱比现在更难）。她整天工作，没有钱支撑她在家照顾孩子。如果我处在她那样的情况下，我能应付得更好吗？我不知道。

这并不容易。我只想说，我们应该三思而后行。我还想说，既然我们不能评判别人的处境，我们就应该对他们在生活中的选择保持沉默。即使是我们最亲近的人，我们也无权干涉他们的选择。对于我们中的许多人来说，当然包括我自己，这可能是最难的法则。

想一想，当别人对你指手画脚，说你应该做什么的时候，你的感受如何。如果你知道什么是对的，你就不会想听别人的想法。即使是你最亲密的家人也无法真正理解你的感受。即使你犯了错，你仍然希望别人允许你犯错误，并从中学习。我们也应该这样对待身边的人。很难，不是吗？但这是必要的。

　　　想一想，当别人对你指手画脚，

　　说你应该做什么的时候，你的感受如何。

法则
080

世界上没有坏孩子

曾经有一句育儿口头禅悄悄从南加州流传到英国。这句话让我怒火中烧："他们是做了坏事的好孩子。"

这句话让我感到后怕。我讨厌它、怒斥它。这是我听过的最可怕的话。但现在我必须道歉。我接受了这句话，虽然我可能永远不会说"他们是做了坏事的好孩子"，但我确实赞同这种观点。你看，世界上没有坏孩子。是的，可能会有做坏事的孩子。有些孩子可能会做出骇人听闻的事情，但他们并不坏。不管我的孩子有多淘气，他们都不坏。他们的行为有时会让我抓狂，但是，当他们睡着了，你偷看他们的时候，他们就是"小天使"，非常善良、完美。他们白天做的事情让我生气，可能是因为顽皮的天性，也可能是因为糟糕的行为，但他们本性依然是好的。

孩子的行为之所以糟糕，是因为他们在探索世界，了解世界的边界在哪里。他们必须通过犯错来搞清楚对与错。这很自然，也很正常。

这句话同样适用于孩子的其他方面。没有笨孩子，只有笨行为；没有愚蠢的孩子，只有愚蠢的行为；没有恶意的孩子，只有恶意的行为；没有自私的孩子，只有自私的行为。

他们并非天生就对世界有更高的认识，而你的工作就是教导、教育、帮助和鼓励他们。如果你一开始就认为他们很糟糕，那你一开始就错了。如果你认为他们有缺陷，那几乎注定你会成为输家。你不能改变坏孩子，但你可以改变坏行为。如果你相信他们本性善良，你马上就会成为赢家。你所要做的就是改变行为，这是一个可以实现的目标。

对孩子说"你是个坏孩子"是非常有害的。这会在他们的脑海中形成一些难以改变的想法。他们对此无能为力，这会让他们困惑不已。你最好说"你做了一件淘气的事"或者"你一直很淘气"。他们可以为此做些什么。

你不能改变坏孩子，但你可以改变坏行为。

法则
081

高兴地围着你爱的人转

从现在开始，作为一名人生法则玩家，你的任务就是和你爱的人相依相伴。不要再呻吟了，不要再抱怨了。不要再发牢骚了。这些话必不再从你口中出来。从现在开始，你就是那个积极的人、永远乐观的人、"天天向上"的人，好事围着你转，惊喜就在你的身边。

将来，如果有人问你感觉如何时，你要说"很好，不错，妙极了"，不要说"无法诉说，不敢抱怨"，不管你感觉有多糟糕，不管你过了怎样的一天，不管你有多低落、沮丧或厌倦。你知道吗，有趣的是，当你说"妙极了"的时候，即使你没有感觉到，你也会找到一些积极的话来跟进。然而，如果你说"希望会好起来"，那么接下来的想法都会是消极的。试试吧——老实说，它真的很有效。

从今天开始，从这一秒开始，你要成为一个永远惬意的、向上的、乐观的人。为什么？因为总得有人这样，不然大家都想结束这种日子。这种生活艰难而又危险。总得有人担下重任，振奋精神，驱散阴霾。那么，这个人会是谁呢？没错，非你莫属。

我知道了，我明白了。你会坐在那里一边阅读这段文字一边思忖："为什么是我？为什么把这重担放在我身上？"因为你能做到，这就是原因。但你要秘密地做，不要张扬，也不要嫌麻烦，只是简单地改变心意和方向即可。从现在开始，你只能和你爱的人在一起。好吧，把抱怨留给陌生人，让你的亲人得到充分治愈。天天向上，高高飞起。

那些成功的人，那些战胜了困境的人，总是兴高采烈的。他们更关心周围人的经历、感受和痛苦，而不是自己的小问题。

他们总是想知道别人的难题，而不是抱怨自己的日子。他们积极地思考，积极地行动，表现出自信、活力和热情。

我有一个朋友去国外生活，他几乎不会说当地的语言。但他说，只要他在那里，他的心情就会好起来，因为他不会用外语说"厌倦""痛苦""沮丧"之类的词。当有人问他过得怎么样时，他只能说"快乐"，因为这是他会说的唯一词语。他发现，当他说出来的时候，他也感觉到了。

总得有人担下重任，振奋精神，驱散阴霾。

法则
082

让孩子担负起责任

孩子长大后会离开家。他们从无助的婴儿成长为成熟的成年人，在你转过身去的时候喝酒、谈恋爱。你要做的就是尽量跟上他们的步伐。随着他们的成长，你必须退后一点，让他们做更多的事情。你必须克制为他们做所有事情的冲动，让他们自己煎鸡蛋[○]或粉刷垃圾桶[○]。

这是一种微妙的平衡。你不能让他们承担更多的责任，但同时你也不能阻止他们去承担责任。当你让他们第一次煎鸡蛋或粉刷垃圾桶时，他们会弄得一团糟——锅上的蛋黄，车库地板上的颜料。正是这种乱糟糟的场面让父母总是放心不下：

○ 这句话来自我自己的儿子，当有人问他作为一个成年人意味着什么时，他说就是能够煎鸡蛋，因为他当时大约八岁。我觉得自己很卑鄙，居然让他每天做早餐，持续了一个月，直到他厌倦了煎鸡蛋。

○ 这句话来自一个小朋友，他总是生他爸爸的气。当我问起他和他爸爸的关系时，他抱怨说，他爸爸说他是个小孩子，从来不允许他去帮助别人。最后他终于怒了。当时他爸爸正在粉刷垃圾桶，他想帮忙，但被拒绝了。为什么呢？帮个忙而已，又没什么坏处。但更让人疑惑的是：为什么他爸爸当初要粉刷垃圾桶呢？

"不，这不是你能搞定的事。"但是我们必须摔碎几个鸡蛋才能成功地煎一个鸡蛋。如果希望孩子们长大后能够执行自己动手做的工作，我们就必须允许他们把黏糊糊的颜料洒在地板上。

当他们十分幼小，第一次学会用杯子喝水时，我们以为他们会把水洒出来。我们站在那里，手里拿着厨房卷纸，准备擦地板。但是，当他们长到十几岁的时候，我们已经不再把厨房卷纸藏在背后，等水洒到地板上之后收拾残局了。我们希望他们能保持房间整洁。但他们以前从未这么做过。他们不知道该怎么做。他们必须学习，而学习过程的前半部分就是允许他们做得不好，做得和我们成年人不一样。我们的工作就是帮助他们。慢慢地、一点一点地把责任交给他们，但他们需要你的指导。

我们希望他们第一时间就做好每一件事，不洒东西、不摔鸡蛋、不把颜料弄到地板上。但我们的期望是不现实的。成长是一件很麻烦的事。

随着他们的成长，你必须退后一点，
让他们做更多的事情。

法则
083

你的孩子和你闹翻了才会离开家

　　你的孩子从不整理自己的房间。他们把音乐声调得很大，让你抓狂。你快要崩溃了，想知道作为一个闷闷不乐、喜怒无常、穿着黑色衣服的青少年的家长，你哪里做错了。他们是单纯的、沮丧的（不过，当他们的小伙伴到来的时候，他们会奇迹般地高兴起来），总是饥饿、粗鲁、唯利是图、招惹麻烦，无情地让你难堪。你责怪自己，认为这都是你的错，你让他们失望了。其实，你干得很漂亮！

　　听着，你的孩子必须和你闹翻才会离开家。如果他们太爱你，就不会离开。你养育了他们，给他们擦屁股、穿衣服，喂他们吃东西，给他们资金支持。他们不想感恩。他们想离开，想酗酒，想恋爱，想说成人才说的脏话。他们不想再做你可爱的小天使。他们想变得厉害、大胆、粗鲁、成熟。他们想要自己发现和探索。他们需要打破枷锁，扯下父母系上的绳子，跑过小山，一路叫喊他们终于自由了。如果他们仍然敬畏你，仍然如此依恋你，仍然如此爱你，他们怎么能做到这一点呢？他们必须通过拒绝和你相处来挣脱束缚，这样他们回家时就不仅仅是你的孩子了。

这是很自然的事情，你应该欣然接受，并高兴地目送他们。早点把他们扔出去，他们就会回来得更快。你再也不能抚弄他们的头发，给他们掖被子、读故事了，但你会发现一个成年朋友回来了，你可以和他们分享一种全新的关系。

你阻止他们，他们会怨恨你更久。你喜欢把他们的话或行为当作针对自己的攻击，他们会感到内疚，需要更长时间的心理斗争，回家的日子会延后。

你可以把这条法则告诉你的孩子：不要让你的父母太难堪。他们和你一样，这段新的关系让他们感受到了威胁。给他们一个自新的机会。岁月在流逝，他们在长大，像你一样努力去和解。

他们必须通过拒绝和你相处来挣脱束缚，
这样他们回家时就不仅仅是你的孩子了。

法则
084

你的孩子总有几个
你并不喜欢的朋友

"哦，不，米奇·布朗不要再来啦！"每个星期六的早晨，我的母亲都会这样叫喊。她讨厌米奇·布朗，对他恨之入骨。为什么？我不知道。我的大多数朋友她都不喜欢，但她把所有的怨恨都留给了可怜的米奇·布朗，她在见到他之前就对他怀有敌意了。

听着，你的孩子总有几个你并不喜欢的朋友。这是很自然的事情，你要接受。作为孩子，我们会被其他不同于我们的孩子所吸引。这是我们交朋友的风格。我们选择那些非常贫穷的孩子或非常富有的孩子，因为我们没有经验，想知道那是什么感觉。我们喜欢痞子、娇生惯养的公主、和我们有着不同种族背景的孩子、满身臭味儿的顽童、来自市政住宅区的孩子、父母是会计的自命清高的孩子。

不管是什么样的朋友，我们做父母的都会忍不住反对。这是人类的天性，但我们不能这样做。我们必须支持、鼓励、欢迎，并敞开心扉去接纳。为什么？因为，我们的孩子和其他孩子一起玩，如果是在考验我们的容忍度，那可是件好事。这表明我们在教育他们不要有偏见，不要吹毛求疵。如果他们不偏执、不挑剔，那我们也不应该吹毛求疵。

有趣的是，米奇·布朗的父母也受不了我。米奇的父母不允许米奇玩枪，我总是趁他父母不注意的时候把枪偷偷带进他家。我不是特别喜欢枪——我说的是玩具枪——但我确实喜欢让米奇陷入麻烦……

我自己的一个孩子要举行一场生日聚会，坚持邀请一个严重适应不良的孩子（我们过去称之为"淘气的孩子"，但现在不能再这么叫了）。当他的父母来接他时，他们热泪盈眶，因为这是这个可怜的孩子第一次受邀参加生日派对。为什么？他的行为有问题吗？哦，他是一个小天使，没有犯过错。真的吗？做梦吧！他表现得一如往常，有人听到我在后面几个星期里嘟囔着："不要再来啦，再也不要他来啦。"唉，说真的，他耍了点小花招，把这地方给毁了，但也只是跟其他孩子一样闹腾。还有一个孩子，大家公认的好孩子，我却发现他往我的一只惠灵顿长筒靴里塞了奶酪三明治和果冻，好在那双靴子是二手货，你明白我的意思。

————

> 我们的孩子和其他孩子一起玩，
> 如果是在考验我们的容忍度，
> 那可是件好事。

法则
085

你作为孩子应该做的事

听着，你现在是一个成年人，可能不承认自己是一个孩子。但你仍然是个孩子，不过，如果你碰巧和你的父母去购物，你把车停在"亲子停车位"，那么别人会用奇怪的目光看着你。

在你的父母都去世之前，可以说，你还是个孩子，但你也有责任对你的父母彬彬有礼、体贴周到、积极配合，因为你现在是人生法则玩家。

是的，我知道他们把你逼疯了。但从现在开始，你有自己的角色，你只要做到以下几点就可以：

- 对他们表现得无可挑剔。
- 照顾他们，如果他们想要或需要的话。
- 退后一步，如果他们想要或需要的话。
- 当他们喋喋不休的时候，你应倾听，不要发脾气或叹气。
- 感激他们经历了漫长而艰难的人生路，积累了许多经验，其中一些可能对你有用。如果你继续摇头，无视他们说的一切，你就会变得很无知。

- 拜访、写信、打电话、交流的频率比你认为你应该做的要多，但可能没有他们认为你应该做的那么多。
- 不要在孩子面前说你父母的坏话，要称赞他们是世界上最伟大的祖父母。
- 当他们来你家逗留时，要感到高兴，要乐意让他们看任何他们想看的电视节目，不要抱怨。

为什么你要做这一切？因为他们给了你生命，把你养大。是的，你知道他们一路上错误不断，但你原谅了他们所有的错误，你也变得更好了，并且会变得越来越好。

当父母老了，需要别人的关注，需要有人倾听和认真对待他们时，他们应该得到体面的对待——他们是很棒的保姆（通常也是免费的）。

你有责任对你的父母彬彬有礼、

体贴周到、积极配合。

法则
086

你要扮好父母的角色

天哪，这是个棘手的问题。你要扮好父母的角色，这很重要。但我们如何定义"父母"，让它更贴近你的真实身份呢？这样你就可以据此生活，并将之付诸实践了。

史蒂夫·比达尔夫（Steve Biddulph）写过《养育男孩》（*Raising Boys*）和其他关于育儿的书。他在一次报纸采访中说，作为父母，我们的工作是让我们的孩子活下去，直到他们足够大，能够自己寻求帮助……

如果你疯狂到了要扮演父母的角色，那么你就和你的孩子签订了一份无形的合同，尽你所能给他们最好的一切。我说的不一定是物质财富。如果你选择接受的话，你的使命就是尽最大努力成为最好的父母。你要鼓励和支持孩子，你要善良、有耐心、有教养，你要忠诚、诚实、贴心、有爱心。

你必须确保他们吃到对发育中的孩子最好的食物。你要为他们的才华和技能提供最好的教育。你的目标是培养他们在所有领域的兴趣，而不仅仅是你喜欢的领域的兴趣。你要设定明确的界限，这样他们就知道什么可以做、什么不能做——如果他们越界了，你要拿出明确的、可接受的纪律。你要根据他们的年龄调整你的监督程度——小孩子比大孩子需要更密切的监督。无论他们在外面的残酷世界里遇到了多大的麻烦，你总是会为他们提供一个回家的避风港。

你要坚定、有爱心、乐于分享、贴心、负责任。你要为他们树立榜样，成为他们模仿的对象。你不会做或说任何你不会让他们感到骄傲的事情。

你要为他们挺身而出，保护他们，确保他们安全。你要扩展他们的想象力，给他们各种刺激，让他们在成长过程中充满创造力，对这个世界感到兴奋，渴望出去闯荡江湖。

你要认可他们，提升他们的自尊，提高他们的自信，把他们送到外面的世界，让他们成为有文化、有教养、有礼貌、乐于助人、对社会有贡献的一员。当他们要离开家乡的时候，你要帮他们收拾行李；在他们站稳脚跟（或者插翅高飞）的时候，你要继续做他们坚强的后盾。

其实你要做的并不多，真的。

如果你选择接受的话，你的使命就是
尽最大努力成为最好的父母。

第四章

社交法则

　　每一天，我们都在与活生生的人打交道——在工作中，在路上，在商店里，在户外活动中。有些人我们可能以前见过，但通常都是完全陌生的人。世界上到处都是与我们互动的人。这些或大或小的互动，可以是积极向上的，也可以是非常不愉快的。下面是一些社交法则。这些法则不是一成不变的。它们不是启示录，而是提示单。

　　我们来看看在工作中与人打交道的一些法则。毕竟，这是我们花费大量时间的地方，我们所能做的一切都是为了让我们的事业更成功，让我们的工作生涯更快乐、更满足、更有成效，最重要的是，这肯定不是一件坏事。

　　社交法则是我们在自己周围画的第四个圈（第一个圈是自我，第二个圈是伴侣，第三个圈是家庭和朋友，第四个圈是社会关系）。我们很容易把自己所在的群体、社会阶层或任何层次的社区看作是重要的，比其他人的更好。但每个社区都是这样看待自己的。在我们周围画出第四个圈是多么好呀，它包括了来自其他背景、种族、社区的人，这样我们就觉得自己是这个大社区的一部分，更是人类的一部分。我们宁愿包罗万象，也不可排斥一人。不管出于什么原因，我们都会假设"他们"和"我们"不同，所以很容易排除"他们"，而实际上，"我们"和"他们"都是同样的人。

　　我们必须尊重每个人，否则会导致怎样的恶果呢？我们必须关心每一个人，否则整个计划就泡汤了。我们必须互相帮助，不管"他们"是谁，因为如果我们不这样做，"他们"就不会在我们需要的时候帮助我们。我们必须是第一个伸出援手的人。为什么？因为我们是人生法则玩家。

法则
087

我们比你想的更亲密

我有一个朋友。他对于我来说不是特别好的朋友，更像是一个熟人。他是个普通的家伙，经营着电脑生意，有一个家庭，平凡、普通、朝九晚五、直男，没什么特殊的。至少他是这么想的。

他是土生土长的英国人。他过去对移民问题颇有微词。不久之前，他发现自己其实是被收养的。这没什么错——这种情况很多——但这让他开始追寻自己的家人。是的，你已经猜到了。他父亲是个外国人。[⊖]你看眼前的这个人，你根本看不出他是个混血儿，但他身上只有一半的英国血统。有意思。

如果你追溯一个人的历史，就会发现很多来自不同社区和种族群体的不同信息。我们没有人在任何方面都是"纯粹的"。整个过程被融化、被摇晃、被搅拌、被混合，直到我们任何人都难以说出我们自己的起源。追溯到很久以前，我们都有一些不同的东西。显然，似乎一半的欧洲人身上都有可追溯到成吉思汗的血

⊖　顺便说一声，这是他的原话，不是我说的。

统——而他是个蒙古族人。

我的观点是什么？不要对别人吹毛求疵，因为我们都是凡人，都来自同一个熔炉。如果你追溯得足够久远，我们都是有血缘关系的。没有区别。我们必须接受其他社区、其他文化，虽然我们彼此的文化非常不同，可是，当扒去我们身上的外衣后，我们之间的差异是如此之小。

是的，我们可能穿着不同的衣服，说不同的语言，有不同的习俗，但我们都会坠入爱河，都希望有人拥抱，都渴望有一个家庭，都期待幸福和成功，都不惧怕黑暗，都希望健康长寿。如果我们都会在受伤时哭、在高兴时笑、在饿的时候肚子叫，那么，穿西装、纱丽或草裙又有什么关系呢？去掉外部装饰，我们都一样，都很可爱，都很有人情味。

————

当扒去我们身上的外衣后，
我们之间的差异是如此之小。

法则
088

原谅并没有什么坏处

生气是很容易的。人们很容易被激怒，喜欢嘟嘟囔囔或者做出粗鲁的手势，甚至骂人。要原谅别人可没那么容易。我不是在说"有人打你右脸，就把左脸也转过来由他打"或者其他什么。我说的是从别人的角度看问题，要谅解别人。

在我度假的时候发生了一件事，情况大致是这样的：一个骑自行车的人浑身湿漉漉的，满口胡言，因为他认为有人（不是我）开车离他太近，差点把他逼到沟里。他大声喧哗，粗鲁无礼，咄咄逼人，不守规矩，满嘴脏话。我试着代表那个被他辱骂的人跟他讲道理，他也骂了我一顿。然后他骑着车走了，一边骑车一边对我挥舞着拳头，弄得他的自行车摇摇晃晃。那场面太逗了，我忍住没笑出声来。我在心里已经原谅了他，不是出于任何宗教信仰的原因，而是因为我看得出他选错了度假方式。

他显然听信了传言，以为骑车度假会很有趣，但那是在多山的乡村，多丘陵，而且一整天都在下雨。他又累又湿，浑身酸痛，非常不高兴。我怎么能不原谅他呢？如果我愚蠢地选择了这个度假方式，我也会变得暴躁、厌烦、易怒、粗鲁，想找人吵架。我很同情他，能感觉到他的许多不快乐。是的，他说这种粗话是不对的，尤其是在孩子面前。他已经准备好了要吵架、恐吓和攻击。但我理解他的处境，我们都可能陷入这种困境，又冷又湿，痛苦不堪。如果我们也选错了度假方式，谁又能保证我们不会发脾气呢？

原谅别人并不意味着我们要任人摆布或忍受无稽之谈。我们可以坚持自己的立场，说"对不起，我无须接招"。但我们也可以尝试去原谅，因为我们可以换位思考。

也许这个词是"宽容"而不是"原谅"。但不管怎样，我们都不必把原谅、宽容或其他什么误认为是温顺。我们仍然可以一边说"管好你的嘴，骑着你的破自行车离我远点"，一边为那个可怜虫感到难过。他是个好人，但做了件坏事。

要记住，那些欺骗你的人，在遇到你之前可能过得很糟糕。

————

原谅别人并不意味着我们要任人摆布
或忍受无稽之谈。

法则
089

乐于助人

我们在前一条法则中说过，你遇到的愤怒的人可能在碰到你之前就经历了糟糕的一天。让我们试着让所有人都过得开心，然后再让他们去找别人。如果我们散布一些善意，也许那个疯狂的自行车手就不会乐此不疲地辱骂和攻击他人了。也许那天没有人善待他，也许很长一段时间没有人善待过他。瞧，都是你的错。如果你对他好一点，那天他就不会把他的焦虑发泄到其他人身上了。

总是伸出援助之手，对每个人都彬彬有礼，一旦我们有了这样的心态，认为这是我们应该做的事情，那就会轻松自如了。这可能成为你的"默认"行为。所以，你的第一反应是"当然可以，我可以教你怎么做，没问题"，而不是"我很忙，你问别人吧"。

在工作中尝试一种不同的方法，看看它对你的声誉和职业生涯有什么帮助。让别人知道你是一个乐于助人的人，并不意味着你是一个容易被打败的人。

如果你看到有人遇到麻烦，即使是小麻烦，比如他们把买来的东西洒在了车后座上，你也可以走上去问："我能帮忙吗？"如果他们想让你这么做，他们就会接受；如果他们不想，你已经尽力了，这才是最重要的。

希望你做到这些：每天都往好的方面想，做一个微笑的人，看到有人需要帮助就伸出援手，而不是匆匆路过。这是试着从对方的角度看问题，如果他们有问题，你要同情他们，但你不必解决所有的问题。这意味着花时间和精力去确保你周围的人都很好。是的，这些人也包括陌生人。如果我们都不嫌麻烦，偶尔对陌生人微笑，这个世界可能会以少一点对抗的方式开启每一天。

希望你做到这些：每天都往好的方面想……

法则
090

多换位思考

我们都想赢。在工作和生活的大多数方面，赢是好事，我们不喜欢输。没有人一开始就是输家。但我们确实倾向于认为，如果我们要赢，那么，其他人（比如我们周围的人）就必须输。但事实并非如此。

在任何情况下，聪明的人生法则玩家都会权衡各种情况，并问自己："别人凭什么跟着你干？"如果你知道对方的动机是什么，就可以帮助控制局面（和你的行动），这样你就能得到你想要的，但别人也会觉得自己从中得到了一些东西。"双赢"的心态可能来自工作场所，但它适用于所有的情况和人际关系。

要弄清楚别人可能想要什么和需要什么，你就得退后一步，像局外人一样，这样你就能从外部看问题了。突然之间，你和他们的关系就不一样了，你也不再认为他们需要让步才能让你赢。

与掌握这条法则的人打交道是一种有益的经历——人们会期待与你一起工作，因为有一种合作和理解的气氛。一旦你学会了总是寻找对方的"底线"，就会在谈判中游刃有余，并赢得"成熟者和支持者"的美誉——这也是你的另一个胜利。

这种双赢的方式不仅仅可以用在工作谈判中，也可以在家里试试。如果你和家人正在考虑去哪里度假，并且你非常想去法国骑马，那就想想"别人凭什么跟着你干"。这种度假方式有什么能让他们开心的呢？强调这些方面，他们更有可能赞同。如果你很难想出能吸引他们的因素，就需要考虑得更广泛——也许你可以找到一个地方去骑马，而他们去钓鱼或航海。你知道怎么做。只要问一个问题："别人凭什么跟着你干"就能帮助你把事情想清楚。

"别人凭什么跟着你干"在为人父母方面也是有作用的。如果你只发号施令而不考虑你的孩子想要什么和需要什么，他们会反抗，或者至少很难管理。但要再次问一问"别人凭什么跟着你干"，这样你就能从他们的角度看问题，从而处理好这些问题。

你能得到你想要的，但别人也会觉得自己从中得到了一些东西。

法则
091

和积极的人在一起

如果你想在生活、工作、社交中取得成功，就需要意识到有两类人可以一起玩。有些人会鼓舞你，他们对生活持积极态度，精力充沛，情绪高涨，做他们该做的事，说他们该说的事，通常会让你感觉活着很棒；而有些人会跟你抱怨，他们把你的情绪拉到了低谷，就跟他们一样死气沉沉。如果你想促成某事，或者你想要开心，第二类人是不适合一起玩的。

所以，多和积极、聪明的人在一起。我指的是那些觉得生活是一项令人兴奋的挑战，值得摔跤并从中获得乐趣的人。他们拥有有趣的观点，和他们交谈会让你感觉很好。他们不抱怨，而是提出积极的想法或建议。这类人不会批评你，只会赞扬你优秀。

前面我们讨论了如何做好断舍离，清除生活中的"杂物"。现在也许是时候清理一些"杂人"了（嗯，这听起来很糟糕）。让我们看看，和你一起玩的都有哪些人。

老实说，哪些人：

- 让你对见到他们之后感到热情？
- 让你迎接每一个挑战？
- 让你开怀大笑，自我感觉良好？
- 支持你、培养你、鼓励你？
- 用新想法、新概念和新方向激励你？

哪些人：

- 让你在见过之后感到沮丧？
- 让你感到愤怒、沮丧或受到批评？
- 压制你的想法，给你的计划泼冷水？
- 不把你当回事？
- 不会让你觉得自己能有所成就？

　　和第一组人在一起玩吧。排除第二组，除非他们只是今天过得很糟糕（我们都有过这样的情况）。继续往下翻看，一个一个删除吧。但你会说，这样无情地删除好友太残忍了。确实残忍，但我希望自己欣赏朋友，而不是抱怨朋友。如果我发现自己在抱怨谁，我就删除谁（当然是谨慎地删除好友）。没有必要和那些让你感觉不好的人在一起，除非你喜欢心情沮丧的感觉。

　　没有必要和那些让你感觉不好的人在一起。

法则
092

不要吝啬你的时间和信息

你会变老，但不一定变得更睿智。不过，你会学到很多东西。有些东西对其他人来说很重要，通常是年轻人，但并不总是如此。与他们分享你所知道的。不要吝啬你的信息，也不要吝啬你的时间。你会用这些资源去做什么更有价值的事情呢？

如果你有特殊的才能或技能，请把它传承下去。我并不是说你必须把所有空闲的晚上都花在当地的青年俱乐部里，教会那些顽劣少年你所做的或知道的事情。

但如果有机会，就去争取。最近有人请我给一群六岁的孩子做演讲，主题是成为一名作家意味着什么。一开始，我想我不是作家，可能也就够格做个写手。对我来说，当作家听起来太宏大、太虚假、太成熟了。关于我的谋生之道，我到底能告诉这群孩子什么？但我记得我的法则，我热情而优雅地接受了任务，并继续前行。我得说我度过了很长时间以来最愉快的一个早晨。小家伙们太棒了。他们提出了精彩的问题，并全神贯注，以一种非常成熟的方式聊天，热情而兴趣盎然，总体上表现得很好，很了不起。拒绝是很容易的。你永远不知道你会在别人身上激发出什么，会煽起什么样的火焰，会在不知不觉中给予什么样的鼓励。

这条法则尤其适用于职场。人们很容易陷入这样的心态：如果你知道别人不知道的东西，那你就占了上风。相信知识就是力量，你应该抓住每一点知识。事实上，生活中最成功的人总是希望把他们知道的传递给别人，把他们的经验传授给别人。因为如果你不这么做，那谁来取代你呢？你让自己变得不可或缺，把自己塞入了职业生涯的窠臼。

如果你不把你的才能和技能传递下去，那你在做什么呢？你有什么大秘密需要对世人隐瞒？还是因为你很懒惰？成功的人生法则玩家会尽可能多地说"是"，因为他们会在传递内容的过程中获得不可思议的体验。这样真的很有用。不要以为你所知道的对任何人都没用。我保证情况会完全相反，因为当你说"是"的时候，就比那些说"不"的人又前进了一步。这让你变得重要、成功、果断和慷慨，让你与众不同。

如果你有特殊的才能或技能，请把它传承下去。

法则
093

参与进来

你要参与到哪些事情中去？答案是任何事情（或者绝大多数事情）。我想，我的意思是你要对你的世界感兴趣。不要光在电视上看世界，要走出去与世人互动。太多的人都是通过那个小屏幕来了解别人的生活，甚至通过现实世界中别人的生活来体验自己的生活（八卦和闲话帮他们维持生计）。外面的世界非常广阔，充满了生机、活力、能量、经验、动力和激情。"参与"意味着走出去，成为其中的一部分。走出去，找出这一切的意义及其运作方式。在家看电视是温暖的、安全的、舒适的，去外面闯荡可能是恐怖的、寒冷的、不安的，但至少你知道你还活着。

人们总是抱怨，随着年龄的增长，生活过得越来越快。但我的经验是，我们在外面的世界中做得越多，时间似乎被拉得越长。如果我们在家看电视，整个夜晚就会从我们眼前一晃而过。

"参与"的意思是合作、贡献、加入其中，而不是在别人为你掌控生活时袖手旁观。"参与"意味着卷起袖子亲自动手，一路上都在积累经验，那是一种真正的体验。"参与"意味着加入志愿服务，提供帮助，把理论上的兴趣变成现实，走出去和人们交谈。"参与"意味着享受真正的乐趣，而不是电视上的娱乐节目带来的乐趣。"参与"意味着帮助别人欣赏和享受他们的生活，如果没有你，他们会做得差一些。

我注意到，成功人士（本书从头到尾都在讨论成功人士，我所说的成功指的是满足和快乐，而不是富有或出名）都有自己的兴趣爱好，而这些兴趣爱好并不能为他们赚到钱或带来任何荣誉。他们做这些事情是为了乐趣，是为了帮助别人，是为了鼓励别人。

他们经常抽出时间这样做，而不是看更多的电视（说真的）。

他们成为志愿者、导师、学校管理者、当地商业顾问、慈善工作者。他们加入协会、俱乐部、社团。他们走出去，找到归属感，享受乐趣。他们走出去，旨在有所作为或分享兴趣。他们去夜校学习一些荒谬的课程。也许他们会因为这样做而大笑，并拿自己开玩笑。也许他们有时甚至希望他们没有参与其中，因为有些事情会悄悄降临并占据你的生活。但它们是某种东西的一部分，精准地说，就是世界的一部分。

"参与"意味着卷起袖子亲自动手，
一路上都在积累经验，那是一种真正的体验。

法则
094

—

保持高尚

这句话说起来简单，做起来却很难。我知道这很难，但我知道你能做到。它需要一个简单的视角转换，从一个以某种方式行动的人变成一个以不同方式行动的人。听着，不管有多艰难，你都不会：

- 报复。
- 行为不端。
- 非常生气。
- 伤害任何人。
- 不假思索地行动。
- 鲁莽行事。
- 咄咄逼人。

这就是底线。你要始终保持高尚。不管受到什么挑衅，你都要表现得诚实、得体、善良、宽容、友善。不管你面临什么样的挑战，不管别人的行为对你多么不公平，不管他们的行为多恶劣，你都不能以牙还牙。你要继续做一个善良的、文明的、道德上无可指责的人。你的举止要无可挑剔。你的语言要温和而端庄。无论他们做什么或说什么都不会让你偏离这条底线。

是的，我知道做到这点有时很难。我知道，当世界上其他人的行为令人震惊时，你必须继续忍受下去，而不是屈服于你想用野蛮的话击倒他们的欲望，这真的非常难。当别人待你很恶劣的时候，你很自然地想要报复并猛烈抨击。不要这样做。一旦这段艰难的时光过去，你会为自己保持高尚而感到骄傲，这将比复仇的滋味好一千倍。

我知道复仇很诱人，但不要这么做。现在不行，以后也不行。为什么？因为，如果你这么做了，就会堕落到恶人的水平，变成野兽而不是天使。这会贬低你、诽谤你，让你后悔。你也因此称不上人生法则玩家了。复仇是为输家准备的。保持高尚是唯一的出路。这并不意味着你是一个容易被打倒的人或懦弱的人。它只是意味着你所采取的任何行动都将是诚实的、有尊严的和清白的。

保持高尚，这将比复仇的滋味好一千倍。

法则
095

你不能要求别人跟你同甘共苦

我曾和一个从小家境就比较拮据的男孩一起上学。事实上，和世界上许多人相比，他真的没那么穷。但与学校里的大多数孩子相比，他家的钱是比较少。这在一定程度上促使他最终找到了一份身居要职的城市工作，现在他的生活非常富足，可能比他在学校的大多数同学都过得好。可他一直对钱耿耿于怀。他非常讨厌那些不像他那样努力工作却有钱的人，他会对一些朋友说一些尖刻的话，比如："你能负担得起去巴哈马群岛度假一个月的费用，不错呀，这不是每个人都能消费得起的，你懂的。"那当然是事实，但他能消费得起。

听着，每个人都有自己的麻烦要处理，不管是现在还是过去，都是这样的。你不能因为别人没有像你一样受苦就给他们添麻烦。不管你是否有一个糟糕的童年，或者过着贫穷的日子，或者有一段不让你快乐的关系，或者没有得到你想要的工作，或者因为你过敏而不能养狗——不管你的麻烦是大还是小，这都不是别人的错。你不知道你的朋友在他们的生活中还必须面对什么，或者将来会做什么。他们可能不会比你更容易保持平衡。

如果你到处试图让你的朋友因为拥有一些容易或美好的事情而感到内疚，就只会破坏你们的友谊。那你要去怨恨那些朋友比你多的人吗？不，我知道你不会这么做，但有些人会这么做。还有别的选择吗？你希望你的朋友有着悲惨的童年、过着贫穷的日子、婚姻不幸、被解雇了或对狗毛过敏吗？我当然不希望这样。如果你尽你所能过着最好的生活，就会希望看到尽可能多的人过得快乐。所以，每次你遇到生活得不那么艰难的人时，你都应该感到高兴。

我不想对那些生活艰难的人漠不关心。我当然不会那样。但是，愤愤不平只会让你的生活更糟。如果别人没有承受你曾经或正在承受的苦难，你只要为他们感到高兴就好。

顺便说一下，我的那个朋友，他可能出生在一个相对贫穷的家庭，但他天生就有头脑。这就是他进入牛津大学并在城里找到一份美差的原因。但他会对那些天生不如他聪明的人感到内疚吗？他当然不会。但我敢打赌，一定有人对他上了一流大学但自己没考上而心怀不满。天哪，这世界上有多少无谓的怨恨啊！让我们尽自己的一份力，不要再添乱了。

愤愤不平只会让你的生活更糟。

法则
096

善于和别人比较

这个版本不是本书的原始版本，你知道的。[⊖]在第 1 版中（以及在我们这个修订版中），我邀请读者跟我联系，提出他们自己的法则。这个特别的法则（我完全同意）是一个 16 岁的印度男生向我建议的。我提到这个法则有两个原因。首先，该法则表明你永远不会因为年龄太小而不遵守法则。其次，我认为这一点很重要，因为这是一个仍在接受教育的人说的，因此他希望向别人学习。这是一个要求我们所有人都能做到的谦卑法则。

人们经常被告知不要拿自己和别人比较。理由是：如果我们认为自己更好，那就是傲慢；如果我们认为自己更差，那就是泄气。我们每个人都是不同的，所以这种比较是不准确的。然而，当你在工作时，你会不断地为自己的表现设定目标，这也很正确。事实上，我们应该在个人生活中设定自己的目标。这不仅适用于我们的计划，也适用于我们自己的行为和发展。

⊖ 别担心，本版无遗漏。这个版本更好，内容也更多。

我们都知道没有人是完美的。我们都希望自己能更有耐心、更善良、更宽容、更努力工作、做更好的父母、更明智地对待金钱。但"更好"的上限是多少呢？决定目标的最好方法是把你尊敬的人作为试金石。"我想要像这个人一样有条理"或者"像那个人一样冷静"。看到了吗？你在拿自己和别人比较，不过是以一种积极的方式进行比照。这意味着你会发现你有多少工作要做，还能看出这些工作切实可行。你不必将你把他们当作你的向导这件事告诉他们，当然，如果觉得有帮助，你可以征求他们的意见。

你可能认为总是把自己和比你强的人比较会让人沮丧。但正如我 16 岁的朋友明智地指出的那样，这个人很好，那个人更好。没有人在这里得分很差，无论如何，你会得到额外的加分，因为你诚实地面对自己的改进空间，然后采取积极的步骤来实现这一目标。

当你 16 岁的时候，把周围的人看作老师是一件很自然的事情。可悲的是，随着年龄的增长，我们可能会失去这种态度。如果我们意识到我们周围都是善良且积极的人，但我们不能从他们身上学到东西，那就很奇怪了，不是吗？这是我们挫败法则 2 的最佳机会。⊖

你会发现你有多少工作要做，
还能看出这些工作切实可行。

⊖　你是不是还没记住法则 2 呢？法则 2：你会变老，但不一定变得更睿智。

法则
097

职业生涯路，一步一计划

你要去工作吗？你有计划吗？你有目标吗，哪怕是一个卑微的目标？如果你没有这些，很可能会随波逐流。如果你有一个计划，就更有可能到达你想去的地方。知道你想去哪里，你就赢得了这场战役的 90%。知道自己的目标意味着你已经坐下来思考过事情，你已经意识到自己的未来，并且已经把注意力集中于未来了。

一旦你向前看并决定想要达到的目标——这个目标没有对错之分，你可以像你想要的那样坚定和雄心勃勃——你可以计划好实现目标所需的逻辑步骤。一旦有了这些步骤，你就可以找出自己需要做什么来实现每一个目标。是进一步的资格认证吗？是积累经验吗？还是换工作或改变你的工作方式？无论你需要付出什么代价来完成这些步骤，都是你必须要做的。不要停滞不前，不要墨守成规。

我们都需要工作来维持生计。白天待在家里看电视真的不是一个好的选择。工作让你的思维保持健康和活跃，也让你与他人保持联系，还给你带来各种挑战。相信我，有工作总比没工作好。

如果你没有计划，可能会在任何地方止步。是的，这可能令人兴奋，但我怀疑许多人最终的幸福和成功只是偶然的。这是你必须自觉地努力去做的事情。制订计划是自觉努力的一部分。我知道运气在一些人的生活中起着至关重要的作用，但只有极少数人运气好。制订一个计划，在等待好运降临的同时努力工作，并不意味着好运不会出现，或者当好运到来时，你不能完全扔掉这个计划。

如果你不忙于计划和朝着下一个目标努力，就很有可能陷入沮丧和冷漠的恶性循环。成功的人有"果断行动"的能力——当他们不能自然地拥有这种能力时，他们就会人为地创造这种能力。如果你喜欢，他们会假装行动，但正是这种假装行为促使他们果断行动。试试吧，它很管用。

————————

白天待在家里看电视真的不是一个好的选择。

法则
098

你的营生也许是别人的灾难

不考虑我们所做的事情及其影响而继续工作，已经成了不安全、不负责或不合乎道德的行为。我不会问你是做什么的。这完全是你的事。作为一名作家，我知道很多好的树木可能会因为我而被早早砍倒。与之相平衡的是我自己作品的积极影响（我希望如此），以及那些因我写作而受雇的人。可是我无法控制他们的工作条件，所以我就地脱身。我真这么干了吗？

所以，对我来说，被砍倒的树、我在办公室里使用的电力，以及把书送到书店的货车造成的污染，这些只是我坐在这里敲击键盘产生的一些副产品。你最近处理过危险废物吗？或者设计了一个导弹制导系统？或者砍伐了整个雨林？或者你的工作是否提供了一种基本的服务或产品？这些东西是否让人们更快乐、更富有或更成功？

我们的谋生方式会对周围产生影响。我们可能在一个污染环境的、造成伤害的、令人不快的、糟糕的行业工作。或者，我们可能在努力帮助他人，积极地造福他人。知道我们所做的事情会产生影响——不管是好是坏——并不意味着我们必须立即放弃当下的一切去换工作。这也不意味着我们可以坐下来放松，认为我们做得很好，因为我们从事的是一份有爱心的工作。

每一份工作、每一个行业都会产生一些影响——有好影响也有坏影响。我们在工作中所做的每件事都可能带来巨大的好处，也可能造成某些伤害。我们必须掂量一下，看看我们对此感觉如何。如果我们不开心，我们可以辞去这份工作，但不要太快，因为我们有很大的机会从事情的内部逆袭成功。

我曾在一个行业工作过一段时间，在那里我意识到事情有点可疑，所以我采取了这样的提问方式："如果媒体掌握了这一点，会对我们产生什么影响？"我没有举报或反对任何人，只是问问而已。但它确实让人们注意到一个事实，即正在发生的事情略微偏离了界线。也许你也这么做。或者，你可以慢慢地、悄悄地运用你所拥有的影响力和你所能采取的行动，让事情变得更好，哪怕是一点点。

作为一名作家，我知道很多好的树木
可能会因为我而被早早砍倒。

法则
099

以悠闲的方式努力工作

我们在工作中的表现会对同事产生影响。我们需要有标准，并坚持执行这些标准。当然，我们必须品行端正、体面、诚实、值得信赖。下面有几点小提示，可以帮助你在前进的道路上取得惊人的成功。

- 把你的工作看得很重要，并尽你最大的努力去做。不要停滞不前，要不断学习，走在行业和新发展的前沿。如果有必要的话，你可以加班，但不要让人觉得你太卖力——悠闲的工作方式会让你获得更多的尊重。
- 总是寻找改善每个人的方法，而不仅仅是改善你自己。站在"我们"而不是"我"的角度思考问题。你是团队的一员，应该高效地融入团队。
- 试着在工作过程中传播一点快乐。不要说别人的坏话。为弱者挺身而出。真诚地赞美别人。不要散布流言蜚语。你要自己拿主意，保持一点超然。这些会让你升职。

- 穿着得体，给人留下好印象。保持高标准，在工作中投入大量时间。尽量不要上班时睡觉，不要偷工减料，不要在上班时间谈恋爱。你是来工作的，请继续工作吧！

- 尽量善待同事——他们和你曾经一样迷茫。给他们自新的机会，给他们留下一线生机。以身作则并鼓励他们。为初级员工树立榜样。试着理解老板的观点，从公司的角度看问题。

- 了解办公室生活中的政治——当然不要卷入其中。不要害怕站出来或去做志愿者（只要你知道你在做什么就好）。不愿工作没有什么好称道的。要为自己的高效工作而自豪。

- 了解自己的底线。知道如何说"不"，并身体力行。不要让任何人利用你的善良。要有主见，但不要咄咄逼人。

- 享受你所做的事情。你要对正确的工作充满激情。祝你工作快乐！

———

我们必须品行端正、体面、诚实、值得信赖。

法则
100

警惕你的所作所为造成的伤害

这条法则意味着"暂时什么都不要做"。这是一个慎重的决定，评估你对环境和世界所做的事情，以及事情的好坏。你可以根据这个评估选择改变你所做的事情。你也可以不去改变，要么是因为你无所谓，要么是因为你觉得自己已经很好了，不需要改变任何东西。

我说"暂时什么都不要做"的原因是，在没有掌握所有事实的情况下，你很容易贸然采取行动。你需要知道你所做的改变是让事情变好还是变糟。例如，当我最小的孩子出生时，我非常担心一次性尿布对环境造成的伤害。显然这种尿布需要 500 年才能腐烂。但我也担心布尿片的清洗很费水电和肥皂。有些人认为，在破坏环境方面，两者的危害不相上下。问题是，你必须使用一些东西，否则你家的地毯可能会遭殃。

所以，你可能要考虑一下：你开什么车？你在家里用什么样的暖气？你怎么去你的度假目的地（坐飞机可能不太环保）？你做资源回收吗？如果别人使用你不想要的东西，你怎么办？我把细节完全留给你（我不应该在这些问题上对任何人说教）。做事要有良心，并尽量减少我们造成的损害，这才是明智之举。

这又回到了支撑所有法则的大主题，即我们需要睁大眼睛，清楚地意识到我们在做什么，以及我们对环境和周围其他人的影响。我们不必成为伪君子，但我们至少应该考虑一下相关问题。

自鸣得意的年纪已经远去，现在真的是时候仔细考虑我们所造成的影响了。一旦我们考虑到这一点，我们可能会开始做一些改变来改善情况。如果我们都做一点贡献，结果就会有很大的不同。

我们不必成为伪君子，
但我们至少应该考虑一下相关问题。

法则
101

|

追求荣耀，拒绝堕落

我们可以为人类的荣耀而努力，也可以试图将其彻底摧毁。莎士比亚的创作是为了荣耀，毒品屋的设立是为了堕落。温暖夏日里的下午游乐会是荣耀，偷别人的钱包是堕落。荣耀不必是顺从的。

任何让我们超越自我、追求完美、提高自己、挑战自己，以良性方式让我们兴奋，促使我们超越本性，并且把我们带到阳光下的事情，都代表了荣耀。

你打算为什么而努力呢？荣耀还是堕落？当然是为了荣耀。我担心的是，你会认为这一切都是为了做好事，但也可能招来负面报道。我们曾被告知做个好人是件坏事，对于那些温顺听话的、矫揉造作的、自命清高的人来说，做个好人是件无聊的事。做个好人并没有太多的优势。小时候在学校，如果你想做个好孩子，可能会挨打；在工作中，如果你努力表现好，就会被扣上"老板的宠物"的帽子。

为了荣誉做个好人，是一件私事。你不需要告诉任何人。如果你保持沉默，就是好人；如果你吹嘘这件事，就是个伪君子；如果你干涉别人，试图让他们变好，就是一个行善者。为了荣耀，做个决定吧，一切尽在不言中。

———————

　　为了荣耀，做个决定吧，一切尽在不言中。

|

在自己身上找答案，
做问题的终结者

这不仅仅是为了美好、荣耀而非堕落的问题，还是积极的、肯定的行动。听着，如果我们不采取一些行动，这个世界（我们这个美妙的星球）就会迅速走向灾难。前几天我读了一篇关于复活节岛的文章，该文完美地隐喻了人类的悲惨困境。

大约 800 年前，波利尼西亚人在复活节岛定居。⊖他们发现了一个野生动物多、树木繁茂的岛屿。在短短几年的时间里，他们就吃光了野生动物，砍倒了所有的树木，污染了河流。他们自己也濒临灭绝。唯一拯救他们的就是旅游业。

地球上没有游客。没有什么可以拯救我们，但我们可以"自拍"，看清自己的样子。我们现在都必须从自己身上找答案，停止加剧混乱和破坏。当我们站出来，把自己也考虑在内时，我们便成为解决方案的一部分。当我们不再说"我只是在尽我的责任"

⊖　如果我歪曲了事实，或表达不清晰，请不要来信揭我的短——这只是个隐喻。

或"这是我工作的一部分"时，问题就迎刃而解了。拜托，我们现在必须停止胡闹，否则我们的地球会沦为外星人的大型游乐园——虽然外星人不屑来地球。

因此，我们的法则是努力寻找我们可以亲自为解决方案做贡献的方法。我们必须参与其中，找到答案，采取行动，摆脱麻烦，做出贡献。如果你想让你的生活感觉舒适、美好、成功、有意义，就必须做出一些回馈。你必须偿还你的贷款，必须对生活进行再投资。这意味着你要有同情心，希望一切都能好起来。

如果我们不采取一些行动，这个世界
（我们这个美妙的星球）就会迅速走向灾难。

法则
103

检查一下你的历史记录

想一想，历史会怎么评价你呢？你内心深处的感觉会成为你死后的墓志铭吗？我指的不是刻在你墓碑上的文字，而是写进"浩瀚宇宙纪录片"的东西。就我个人而言，我认为我不需要墓志铭，甚至连个脚注都不需要。但如果我也要墓志铭，我希望会是这样：我曾做过尝试，付出过努力，也尽了最大努力去扭转乾坤。我挺身而出，坚持我的信仰，等着被点名，捍卫我的权益。我希望历史告诉我，也许，我站出来只是挺身而出——足够了。

你呢，我的朋友，你想要什么？你认为历史会怎么说？你希望历史怎么说？这两者之间有差距吗？你能填平这个差距吗？你需要做些什么来弥补呢？想想历史会对你本人以及你的行为作何评价。

如果我们想要成功，必须关心的是那些后来者将继承一个比现在更好的世界。你还记得 20 世纪 70 年代那些风靡一时的自给自足类图书吗？⊖嗯，他们似乎都有一个共同点，即如果你拥有土地，就必须比之前拥有土地的人更好地利用和改善土壤。这个世界也是如此。我们必须在出发之前自觉且努力地去改善世界。我们必须对我们被赋予的东西负责，并在我们传递给别人之前更好地利用它。

我们会指着被污染的海洋、干涸的河流、融化的冰盖，对我们想象中的孩子们说"总有一天，这一切都将是你们的。哦，我们对此做了些什么呀，真抱歉"吗？我觉得他们可能有点儿生我们的气。历史可能真的会把我们写成白蚁似的"害虫"。我们破坏、污染、屠杀，把事情搞得一团糟。我们可以单独发挥作用。我们必须有所作为。历史必须让我们每个人负起责任。

问题是，有太多的人不愿意改变，因为他们认为自己不会被追究责任。如果没人看着的话，他们就认为自己可以逍遥法外。而历史将会迅速消灭他们。

历史可能真的会把我们写成白蚁似的"害虫"。

⊖ 是的，我也卖掉了梦想，搬到了乡下，自己制作酸奶，穿凉鞋，吃扁豆。但没持续多久，反正那种日子不适合我。

法则
104

不是所有的东西都是绿色环保的

我刚刚听说有个家伙发明了一种鞋子，可以在你走路的时候给你的手机充电。[⊖]太棒了。我想要一双，但它们看起来就像粗犷的步行靴，这是专为没有充电设备的地区设计的，比如丛林和沙漠。等他们用牛津粗革鞋制作的时候，我也要一双。不是所有的东西都是环保的。不是每个人都能像我们希望的那样追求有机和环保。

好了，我们已经讲过了对世界现状的抱怨以及我们正在做的事情。现在我要给你们一个小小的免责条款。不是所有的东西都是绿色环保的，肯定会有副产品，肯定会有一些污染，肯定会有一些伤害。人类的数量庞大——几十亿人生活在这个地球上，必定会产生影响——我们必须生活呀。

总会有一些伤害。我们的工作是限制伤害，但试图完全消除

⊖ 这家伙就是英国顶级发明家特雷弗·贝利斯（Trevor Baylis），他还发明了手摇式收音机。

伤害是不现实的。这完全是一个保持平衡的问题，一个轻重缓急的问题。

要求立即消除世界上所有的机动车辆是不现实的，也是不能实现的。但我们可以购买电动汽车，或者至少排放更清洁的废气，在制造汽车的过程中使用可回收材料，如此尽自己的一分力量。但任何汽车都不会是百分之百环保的，绝对不会。

我们可能会冲到灾区帮忙，但我们会乘飞机去那里，飞机会排放大量的废气。你看，我们无时无刻不在做选择：开车上班，在家里取暖，穿衣服，吃东西。我们不能指望每个人都像我们希望的那样追求环保。我们不能期望所有东西都像我们希望的那样环保。

如果我们都能做到减排，就会有所帮助；如果我们都尽自己的一份力，就会有所帮助；如果我们都意识到自己在做什么，就会有所帮助。但我们不能指望完美。我们不可能在一夜之间扭转局面。太过努力地想要环保会给你带来巨大的压力，让你遭受痛苦（试着在购买家庭用品和食品的时候拒绝塑料袋包装，你很快就会明白我的意思）。那么，停止吧！努力去做，但要接受这个世上没有十全十美的人和物的事实。只要我们尽自己所能，就会有所帮助。

不是每个人都能像我们希望的
那样追求有机和环保。

法则
105

回馈社会，回馈人生

　　我坚信，当初是父母选择生下我们的，而不是我们求着他们把我们生下的。我还深信，这个世界不欠我们任何东西。但同样的道理，我们却欠这个世界很多。当然，我们没有选择来这里的权利，可一旦我们来到这个世上，就能得到食物和水，享受到快乐和开心，接受挑战和教育，体会敬畏和惊讶。这些都是世界为我们提供的。我们可以做任何我们想做的事，甚至从这个世界上得到它所能提供的一切。这个世界可以给我们提供的东西真是太多了。

　　我们可以不断地索取。我的建议是，如果我们做出回馈，晚上会睡得更踏实。比如，演出结束后，你可以做一名志愿者，帮忙打扫卫生和收拾残局。

　　请慷慨对待世间万物。你不必付出金钱，而是付出你的时间和关心。如果你有特殊的才能，就用它来帮助别人；如果你有设备，就把它们借给需要的人。如果你有能力让事情变得更好，那就好好利用；如果你有影响力，就好好发挥。

如果你不愿意呢？我相信我们每个人都可以用自己的小小方式来改变世界。我们可能需要仔细观察，或者展开想象力，或者在定义"回馈"时发挥创造力。

我们不必都成为慈善工作者或传教士，但我们可以资助需要帮助的孩子。我们不必把我们的房子变成无家可归者的庇护所，但我们可以在我们的花园里开辟一片野生动物保护区。我们不需要追求"纯正有机"，但我们可以对更多的东西进行回收利用，或者多询问一下关于我们选择购买的产品的厂家信息。

我想我们都必须扪心自问："这个世界因为我的存在而更加丰富多彩了吗？我离开的时候，世界会比我来的时候更好吗？我对别人的生活有影响吗？我做出回馈了吗？"

————————

如果我们做出回馈，晚上会睡得更踏实。

法则
106

每天（至少偶尔）找到一条新法则

瞧，本书阐述了100多条人生法则，可以让你过上充实的生活，享受成功的人生。但别以为一切都结束了。你没有时间静静地坐着不动，因为人生法则玩家没有茶歇时间。一旦你认为自己掌握了某个法则而不再前行，就会摔跟头。你必须继续前进，保持创造力、想象力，足智多谋，有独创性。这条法则要求你不断地思考新的法则，继续挖掘人生话题，增加、改进、演变、进化和更新现有法则。这些法则提供了一个"起跳点"。它们不是启示录，而是提示单。它们给你一个起点，让你继续前行。

我尽量避免平淡无奇、滑稽可笑、不切实际、愚蠢透顶、灌心灵鸡汤、提明显错误的说法以及做相当困难的事情。我也避免说那些陈词滥调和引发暴力的怂恿的话。

我希望你们在为自己制定新法则时也能遵循类似的计划。我想，最重要的是你需要不断地制定自己的法则。当你从观察中或仅仅是在某个启迪时刻学到一些东西时，你要看看是否有一个法则可以在未来使用。

试着每天或至少偶尔找到一个新法则。如果你想分享的话，我非常乐意倾听。成为一名人生法则玩家是非常有趣的事。尝试着去发现其他玩家，也是非常有趣的事。无论你做什么，不要逢人就说。保守秘密，确保安全——但你可以对我倾诉，如果你乐意。

作为人生法则玩家，你需要奉献、努力、坚毅、敏锐、热情、虔诚和极其顽强。坚持下去，你就会过上充实、快乐和富有成效的生活。但是，对自己宽容一点，我们都会时不时地失败，没有人是十全十美的——我当然也不是完美的。好好享受人生，玩得开心一点，记得要做个好人。

———————

它们不是启示录，而是提示单。

它们给你一个起点，让你继续前行。

第五章

附加法则：快乐法则

　　快乐不是一种永久的状态，而是转瞬即逝的东西。总会有糟糕的日子、黑暗的时期，甚至是暗淡的岁月。讽刺的是，理解这一点是通往更大快乐的第一步，因为一旦你不再期待一直快乐下去，你的心情就不会那么糟糕了。希望你能明白我的意思。在任何情况下，如果没有低谷，我们就不会感激高潮，而快乐在很大程度上与感激有关。

　　现在，虽然你无法避免情绪低落，但你可以做很多事情来尽可能多地感受快乐，而且时间越长越好。这样，你的人生曲线图上的低谷就会尽可能地向高潮靠拢。

　　你要养成快乐的习惯。你越能训练自己感受快乐，快乐的感觉就越能轻易来临。是的，我知道一些人是无法接受"训练自己"感受快乐的想法的，因为这听起来好像有些刻意。你可能会认为你不应该刻意让自己感受快乐，因为这是一件自然而然的事情。哦，对不起。你需要为此付出一点努力，但好处是如此之大，这当然是值得的。而且这种训练的难度远低于健身房里的运动，你只需要学会以不同的方式思考即可。

　　你会发现人生方面的大多数法则都或多或少地与快乐有关，其中一些法则尤其相关。在本章中，我收录了10条法则，它们都是人生幸福的绝对核心。

法则
001

目光长远

众所周知，快乐很难定义。你是想要达到一种持续的兴奋状态，还是简单地对生活有一种基本的满足感，或者介于两者之间？显然，永久快乐是一个不切实际的目标。然而，对自己命运的宽泛满足感是一种完全合理的要求。

即便如此，任何一种极度快乐都是短暂的。快乐不是一件你能长久持有的东西，也不应该长久。无休止的欣喜若狂，永远的心花怒放，会有多无聊？它将不再令人愉快，因为我们会把它视为理所当然。所以，生活中一定会有令人不快乐的时刻。问题是，当你度过了糟糕的一天、艰难的一个月或沮丧的一年，你还能开心吗？

你当然可以。如果我们把快乐定义为对人生感到满足，你就会知道，即便是满意度高的人生，也并非完美。如果这是快乐的必要条件，那就没有人可以实现，快乐的这个概念将是无稽之谈。所以，即使事情进展不顺，你也要找到一种保持快乐的方式。

我们知道，无论情况有多糟糕，如果有人支持你、你明确地欣赏自己所拥有的、有某种信仰体系、喜欢自己、保持忙碌或者做自己喜欢的事情，那就永远不会那么糟糕。但最重要的是，应对糟糕的一天、一个月或一年的关键不是用现在的标准来衡量当下的快乐，你得看得远一些。

所以，不要问自己："我现在快乐吗？"⊖问问自己："我常常快乐吗？"甚至是"我的生活中有让我开心的元素吗？"回顾过去的几年，想想你生活的总体趋势是怎样的。期待你的未来。这样，即使今天有点令人沮丧，你也可以看到更大的图景，并认识到你基本上是快乐的人。今天只是幸福生活中糟糕的一天，或在某个层面上是糟糕的一天，但在另一个层面上却是快乐的一天。

如果你做不到怎么办？我建议你再读一遍这本书，认真思考那些让你产生共鸣的法则。你能对自己的生活和人生观做出哪些小小的改变？不要只依赖我的观察结果，你也要揣摩自己认识的人。看看谁看起来很快乐，想想为什么他们能从积极的角度看待自己的生活。如果我们想要幸福，就都可以获得幸福。这可能需要一些努力，但生活中很少有事情比这更有价值。

***

不要问自己："我现在快乐吗？"

问问自己："我常常快乐吗？"

⊖ 当然啦，除非你真的很快乐。

法则
002

做你擅长的事情

这条法则怎么强调都不为过。你会认为该法则是明摆着的，直到你看到有多少人不按法则行事。当你做自己擅长的事情时，你会完全沉浸其中，自信、自尊、享受、激情、积极等一切带来快乐的因素都会涌进你的脑海。

即使找不到让你兴奋的工作，你仍然可以确保你把自己的工作做好。即使是在一份无聊但能养家糊口的工作中，走走过场和真正做好还是有天壤之别的。如果你必须要做，你得确保自己能在工作中做到最好，因为这样做可以让你更快乐。（最好的是，在做这些事情的同时制订一个计划，抽空去做其他让你更有成就感的事情。）

不管你现在是否有你想要的工作，你会在剩下的时间里做些什么？无论是做有关爱好的事、为家人做饭、做志愿工作，还是进行体育运动，做一些你可以沉浸其中的事情，这能给你带来真正的成就感。

请注意，我并不是说你永远不要做你不擅长的事情。即使是音乐会的钢琴家，也一定有过钢琴弹不好的过往。如果我们不能开始我们不擅长的事情，那么我们永远也学不到东西。有些事情是必须要做的，但这永远不是我们的强项。以我为例，打扫房子就属于这样的事情。但你要意识到，为了快乐，你需要花尽可能多的时间做可以让你引以为傲的事情。

当你知道自己把一件事做得很好的时候，你就会进入一种真正治愈的状态——无论你是用演讲征服观众、像水獭一样游泳、把孩子的恐惧变成自信、创造一张比实物更美的日落照片、帮助病人感到舒适和放松，还是烤一块家人抢着吃的美味蛋糕。你清楚地知道自己在做什么并沉浸其中，你做事如行云流水般自然流畅，这种感觉最令人陶醉。对我们大多数人来说，这是我们最幸福的时刻。所以很明显，我们越能找到这种感觉，就越容易感到快乐。因为快乐在很大程度上是一种习惯，我们会逐渐养成自我感觉良好的习惯。

当你知道自己把一件事做得很好的时候，
你就会进入一种真正治愈的状态。

法则
003

喜欢你自己

本书中有一条法则是关于接纳自己（参见法则004）的。但如果你想要真正快乐，就必须真正喜欢你自己。

我们中的一些人很容易做到这一点，在这种情况下，你可以跳到下一条法则。但我们大多数人至少有时会为此挣扎。首先，你必须想要喜欢自己。不喜欢自己的感觉不好，这会让你变得虚荣、傲慢或以自我为中心。这可能是一个艰难的决定，但你必须打破任何心理的、宗教的、文化的或自己创造的"你不值得自己喜欢"的感觉。

喜欢自己并不是让你认为自己是一个完美无缺的人。你可以在你自己的公司里放松，并且欣赏你自己的品质。我不知道你是怎么想的，但我喜欢很多有缺陷的、棘手的、复杂的、不完美的人。所以我不明白为什么不能让我也喜欢我自己，尽管我有这么多缺点。为什么我们要对自己比对别人更苛刻呢？

所以，你要认识到，虽然你并不完美，但你并不比许多讨人喜欢的人逊色。同样的法则也适用于其他人。我有些朋友和家人偶尔会做出我不希望他们做的事，尽管我很喜欢他们，也能看透一切，但仍然喜欢他们。因此，即使有时我做了一些让我后悔的事，也依然能招人喜欢，这是顺理成章的事。

对于那些在成长过程中不够幸运，没有得到垂爱和重视的人来说，做到这一点尤其困难。我知道，如果换作是你，这也不是轻而易举的事。然而，我真的希望你能把握住幸福，因为你是所有人中最值得拥有幸福的人。如果你做不到，幸福可能会与你擦肩而过。

首先你要探索你喜欢自己的哪些部分，明确地记下这些优点（你不必告诉别人）。当你回顾某事的时候，你会想："我喜欢我处理这件事的方式。"在此基础上，把注意力集中在你觉得舒适的品质上，继续探索你喜欢自己的哪些部分。如果有人可以挥动魔杖改变你的任何一部分，你会选择坚持哪一部分不变？这些都是很好的起点，你可以把你喜欢自己的各种优点进行分类。如果别人表扬你或者赞美你，你要认真倾听，而不是置之不理。一旦你养成了注意自己的优点而不是缺点的习惯，你可能会惊讶地发现你是个非常优秀的人。

喜欢自己并不是让你认为
自己是一个完美无缺的人。

法则
004

——

换个角度看问题

　　我的一位朋友有一个正值青春期的儿子，这个孩子最近参加了一场游泳比赛，竞争力很强。当我问他比赛进行得如何时，他回答说："我做得很好。我获得了第三名，但如果我没有把起跳搞砸的话，本可以获得第二名。"他的乐观让我很高兴。就他而言，他应该得第二名，所以他感到几乎和得了第二名一样自豪。他本可以说："太糟糕了，我只拿到了第三名，因为我把起跳搞砸了。我应该做得更好。"很多人都会这么想，但他选择从另一个角度看问题。

　　他的做法带来了什么结果？他对这个结果很满意（这也是我们对他感兴趣的原因），而同样的结果可能会让他不高兴。这一切都与他的感知有关。如果你能学会认识到自己可以选择不同的回应方式，也可以做到这一点。你是失败了（痛苦），还是很接近成功（快乐）？你是否在经历了疲惫的一天后回到家，感到精疲力竭加上腰酸背痛（心情郁闷），或者躺在椅子上喝杯茶，把脚翘起来，直到睡觉前都不用动弹（享受）？

江山易改，本性难移，对吧？我们中的一些人天生就会看到光明的一面，而另一些人则会看到黑暗的一面。这个观点只是部分正确。是的，有些幸运的人似乎生来就从快乐的方向看生活，但如果你能养成多角度看问题的习惯，就能意识到自己可以从两个方向分析问题，而不是只会单向思考，那么，你会少一些消极情绪。试试吧，继续吧。下次你想自怨自艾时，换个角度想一想。

这是一个很好的例子，说明了你要如何养成快乐的习惯。你做得越多，幸福就变得越容易。你越能认识到另一个角度，就越容易接受现实。当然，有时你无法摆脱失望或悲伤的感觉，但这种频率会越来越少，你也因此越不容易心烦。这是值得的。毕竟，你能想象在比赛中获得第三名的快乐感觉有多棒吗？

———————

下次你想自怨自艾时，换个角度想一想。

法则
005

|

编一个幸福的故事

说实话，我们是很容易上当的生物。只要你对自己说的次数够多，你就会对自己所说的深信不疑。那么，为什么不利用这一点呢？如果你一直告诉自己你很幸福，你就会幸福。如果你不相信，可以试一试。

当然，这种信念需要一段时间来积累。如果你每天告诉自己10次你很快乐，然后每天告诉自己20次你有多痛苦，猜猜哪句话会赢。只要你认真对待，这句话就会奏效。

想想世界上生活条件恶劣的地方：里约的贫民区、撒哈拉以南非洲的沙漠、德里的贫民区、西伯利亚等。你认为你会快乐地生活在那里吗？不。然而，你认为那里的每个人都很痛苦吗？不，不是这样的。当然，他们中的一些人是这样的，这是有充分理由的，但总有人喜欢微笑，在生活中总能找到乐趣。当然，他们的期望可能比你的低（我认为这给了你快乐的理由），但不止于此。他们选择相信自己是幸福的。你看，幸福只是一种信念，你确实可以选择。

你也可以想想什么能让你快乐，并安排更多的快乐发生：和你爱的人在一起，保持忙碌，做你擅长的事情，帮助别人，吃巧克力⊖。那些生活比你艰难的人就是这么做的，如果这对他们有用，那对你也会有用。

我在睡觉之前，会回顾一天中所有美好的点点滴滴。我坚决忽略任何负面的东西，不管它在我的生活中占多大的比重，我都不在乎。我只记得所有积极的事情，从大事件到友好的收银员，或从寒风中归来后喝到一杯美味的热咖啡。这是我学到的一个技巧。我每天晚上都这样做，这几乎就像一次冥想，它让我感觉非常好。

你可以自己回顾，也可以告诉别人——即使那个人并不在你面前。当你把你一天的故事和别人联系起来时，就会客观理智地看待其中的问题，这具有一些额外的说服力。这就是最好的方法——让第一天快乐地结束，第二天早上你又快乐地醒来。

幸福只是一种信念，你确实可以选择。

⊖ 如果我不建议你在吃巧克力这件事情上保持克制，我就不是个称职的人生导师。

法则
006

|

圈子不同，亦可为谋

　　你在学校、工作单位或其他任何地方度过糟糕的一天，最希望的就是能在放学或下班之后回到家，关上大门，把坏事拒之门外，躲进你自己的避难所，直到你准备好再次探出头来。

　　那么，当家里的事情不顺利时，会发生什么呢？显然，你需要逃到工作单位、学校或其他地方，躲在那里，直到感觉安全了再回去。你知道，逃跑并没有什么错。当然，有些类型的逃跑不是好主意，但在临时情况下，在较小范围内，逃跑的作用不容小觑，逃跑通常是能解决问题的。你只是需要一点时间和空间去放空自己。

　　更长期和更严重的问题也会因为你选择换个环境而迎刃而解。如果你的老板总是贬低你，至少在家里你可以感到自信。如果你的家人生病了，你一直在担心，至少在工作的时候你可以感到一切都在掌控之中。

　　这就引出了下一条法则。在不同的世界里生活是很重要的，这样你就有最好的机会保留生活中让你快乐的部分，即使其他部分正在经历一个令人担忧的、使人心力交瘁的、倒胃口的、击垮信心的、让人懊丧的阶段。不要总是沉浸在工作、孩子、大学或其他事务中。确保当你需要的时候，你有处可逃：家庭、工作、朋友、爱好。

生活的多样性是困难时期的生命线，但那也是最有趣和最充实的生活片段。你可以选择自己的平衡点——显然你可以选择你喜欢的，因为这是你的人生——这样你就能得到所有好的部分。这不仅仅是为了逃避。不同的圈子带给你不同的幸福成分。举个例子，你可能会从和孩子待在家里得到所有你需要的爱和自信（或者你可能不会，这我就不得而知了），但这可能不会帮助你提升被人尊重的感觉。不同的圈子带给我们的感受不同。有时你可以从生活的一个领域得到很多你需要的东西，但是，为了得到让你快乐的一切，同时在事情变得糟糕的时候逃避，你真的需要混合各个圈子的幸福成分。

不要总是沉浸在工作、孩子、
大学或其他事务中。

法则
007

找点分心的事儿消遣一下

我的一个好朋友真的很难快乐起来。他天生就是个爱操心的人。在他的生活中，他几乎总是有一些消极的事情要担心（我们不都是这样吗），如果没有什么明显的事情，他似乎还会制造烦恼。他就是这么做的。他担心那些可能永远不会发生的事情。如果他妻子的病比看上去更严重怎么办？如果公司决定裁员，而他又处在风口浪尖怎么办？如果利率上升，他付不起抵押贷款怎么办？

但我认为，他不必将就一种充满忧虑的人生。记住，你要养成快乐的习惯，还有思维模式。如果你能改变你的想法，就能改变你的心情。只要改变想法的时间足够长，你的情绪就会得到改善。好消息是，如果你坚持不懈，有很多方法可以改变你的思维模式。我会给你一些建议，你可以从这里开始。

首先，能拥有一份不用担心的工作是件好事。它可能是运动、园艺、与孩子们玩耍、制作火车模型、阅读、烘焙、追溯你的家谱、整理你的邮票收藏等你能想到的任何事情，只要对你有用就行。如果你有特别容易产生消极想法的时候（比如在上班的火车上），那就找一个适合你的消遣事儿，比如做填字游戏、编织、在笔记本上写工作计划。这里唯一的附带条件是不要选择可能让你上瘾的东西，比如喝酒、玩电脑游戏或赌博。现在不是制造新问题的时候。

有时你会担心或纠结于悲惨的想法，而你没有转移注意力的现成方法，所以你需要找到一个只需要思考的解决方案。这里的关键是抓住自己消极的想法，并对自己说："哈！抓到你了。马上停下！"然后你需要给自己的大脑提供一个替代思路，否则它就会回到原来的方式。如果你在刚刚切换到的环境中使用"快乐想法"，会怎样呢？例如，你正在脑子里构思小说的情节，做一个关于赢得胜利的白日梦，设计你一有钱就想建造的房子的风格，想出一个你想发明的复杂的新电脑游戏，为你的老板计划一份能让你马上升职的精彩报告……你懂的。

最后，你可能会发现，很有必要考虑一下让你担忧的事情的积极一面。这并不能搞定一切情境，但非常适合你担心被裁员的情况。为什么不考虑一下这将给你带来的所有机会和好处：那些你再也见不到的恼人同事，你可以放弃的每日通勤，带给你自己创业、转行或搬离城市的机会？一旦你学会了自我分心的艺术，你会发现，清除不开心的想法是一件轻而易举的事。

如果你能改变你的想法，就能改变你的心情。

法则
008

你要知道你该珍惜谁

　　快乐的基本要素之一就是安全感。如果你没有安全感，就不可能感受到真正的快乐。这不仅适用于身体安全，也适用于情感安全。你想要的是一个良好又坚实的支持网络，这样你就知道，如果生活中出了问题，你有地方可以求助，有人会在你跌倒时接住你。

　　在生活的不同领域，你可能会遇到不同的人：你可以信任的同事，你可以向其征求建议和学习智慧的导师，你可以依靠的朋友，愿意为你做任何事情的家人，永远为你遮风避雨的父母。

　　你要弄清楚这些人是谁。如果你对某些方面的支持没有信心，那就努力建立能给你所需的关系。如果你有很多个可以绝对信任的同事，那你在工作中对付那些背后中伤你的人和酒肉朋友要容易得多。与你的伴侣、父母或兄弟姐妹建立牢固的关系，即使遇到最严重的创伤，也能助你渡过难关。所以，你一定要知道谁站在你这边。

有人说："细数那些让你有幸福感的事。"我们也要数一数自己的朋友。意识到那些构成你安全网的人是谁，即使你不需要他们，也要感激他们，让他们知道你珍惜他们的爱和友谊。为什么？因为你除了给他们温馨感，还可以增强你自己的安全感，从而提高你自己的幸福水平。

　　哦，我希望这是不言而喻的——如果他们正在经历这一切，你需要给他们你所期望的一切。如果他们呼唤你，陪在他们身边会给你一种价值感，即使在最不开心的情况下，也会延长你的幸福感。

与你的伴侣、父母或兄弟姐妹建立牢固的关系，
即使遇到最严重的创伤，也能助你渡过难关。

法则
009

清除心灵道路上的绊脚石

是什么阻碍了你的幸福？是什么阻碍了你对自己命运的满意感？糟糕的人际关系？没有足够的钱？一份乏味的工作？不，那是一个骗局，希望你没有上当。这些事情都不会阻止你快乐。现在你应该知道，幸福道路上的所有绊脚石都盘踞在你的内心。是的，没错，都是你的心灵在作祟。我们已经看了一些例子，比如担忧和消极思考。你自己的绊脚石（你身上那些阻碍你前进的东西）是什么？

如果有人问你需要改变什么才能让你快乐，答案不是你的工作、你的关系或你的过去。我来告诉你原因：因为即使你改变了所有这些事情，你仍然没有改变你的人生观。你还是那个人，你等待幸福从身边飘过，并且紧紧抓住幸福，只为了让幸福停留片刻。然而，如果你改变了你的观点，这些事情——工作、人际关系、生活方式——都不需要改变，因为无论你在哪里，你都可以创造自己的幸福。

我不是说你不能换工作或搬家，或者做任何你想做的事。如果你不喜欢现在的情况，我强烈建议你尽你所能去改变现状。我想说的只是不要指望这样就能让你快乐。充其量，你可能会发现自己少了一点不快乐。

　　是的，我知道这并不容易。事实上，这可能需要花掉你一生的时间。请注意，这并不是一辈子的折磨之后突然闪现的幸福瞬间。这是一个逐渐变快乐的过程。调查显示，人们通常会随着年龄的增长而变得更快乐，至少在最近几年是这样。当我年轻的时候，我总是认为这很奇怪，因为人越老，剩下的生命就越少。然而，随着年龄的增长，我意识到这一点并不是最重要的，这只是一个外部因素，就像工作或人际关系一样。问题是，随着年龄的增长，你会越来越擅长那些让人快乐的事情——你内心的东西。你变得更加自信、更加胸有成竹，你还学会了珍惜自己，也和周围的人建立了牢固的关系。当然，不是每个人都能做到这些，但大多数人都能做到，你也能做到，因为你是人生法则玩家，你会坚持下去，直到你抵达理想的彼岸。

现在你应该知道，幸福道路上的所有绊脚石都盘踞在你的内心。

法则
010

多一些选择，一切皆可掌控

你觉得你能掌控自己的人生吗？你认为是命运决定了你要走的路，还是你的路应该由你自己选择？我并不比其他人更了解实际情况，但我可以告诉你，相信自己能掌控自己人生的人往往更幸福。

如果你感觉一切都在掌控之中，那就太好了。然而，如果你没有，这是一件需要努力的重要事情。生活中的许多事情确实是我们无法控制的。你不能确定你的车什么时候抛锚，或者你的一个亲密家人是否得了重病。你可能会因为不得不为一个难以相处的老板工作而感到无能为力。你也不能决定天气的好坏。

不过话说回来，就像人们常说的："根本就没有坏天气这回事。只是衣服穿错了。"即使是最随机的外部事件也并非完全不受你的控制，因为你可以选择如何应对。你会怎么处理这辆车：把这辆车卖掉，买辆更耐用的车，还是拿这辆车碰碰运气？你如何赡养生病的人？你是继续干下去还是辞职？

你能做的自由选择越多，就越能更好地应对生活抛给你的麻烦。事实上，保持现状——保住汽车，保住工作——是一种选择，但你并不总是这么想。在不喜欢的情况下，你很容易感到负担。

　　所以，要时刻意识到你是可以选择的。有时候，另一种选择比你现在的处境更糟，但你仍然选择事事容忍。如果你继续做这份工作，就会更开心，因为，你知道你可以离开，但你选择了留下。好吧，如果老板离开了，取而代之的是一个新的理想老板，你也不会像你以为的那样开心。但这比你觉得自己无法控制要快乐得多。你确实有控制权，你在行使控制权，你有这个能力。把这种控制能力运用到你生活的每一个角落。你可以选择不做太多改变，但是，无论多么惨淡凄凉，总会有别的选择，你不会被人牵着鼻子走，无奈地踏上一条你不愿选择的漫漫长路。你每天都在选择自己的道路。

————————

无论多么惨淡凄凉，总会有别的选择。

第六章

其他不可错过的人生智慧

　　我要谈的不仅仅是人生，你懂的。如果你很聪明，就会想要学习那些成功人士在生活、金钱、工作、人际关系、孩子方面的行为方式。幸运的是，通过多年的观察、提炼、筛选和总结，我已经把真正有意义的东西变成了方便的法则。

　　我一直希望不要把这些基本法则延伸得太远，但根据读者的巨大需求，我已经解决了那些影响我们所有人的重大领域。因此，在接下来的几页中，我会从我的其他法则书中挑出几条法则让大家先睹为快。

　　我想看看读者朋友的想法。如果你们喜欢，每本书里都会追加几条其他法则书里的法则。

帮助别人会让你感觉良好

在某种程度上，我并不提倡打破"为自己打算"的法则。但我并不按照一般的意思来加以诠释。我认为，你应该专注于自己的需求，而不是别人的需要。事实上，就像镜子里的世界一样，我发现，如果你真的想感觉良好，就需要把自己的愿望暂且搁置一边。

我的一个孩子让我明白了这条法则。大约 12 岁那年的一个晚上，他放学回家后说他今天过得很开心。他曾帮助一位遇到各种问题的朋友，也曾倾听另一位想要发泄内心挫败感的朋友。然后他注意到办公室的一个工作人员在费力地搬东西，于是他伸出援手。他告诉我今天是个阳光灿烂的日子，用他的话来说，是因为"我喜欢帮助别人，这让我自我感觉良好"。

我恍然大悟，意识到他已经把我多年来没能表达清楚的东西简明扼要地表达出来了。他的措辞如此简单，以至于一切都顺理成章。我早就注意到，总是帮助别人的人似乎是最有满足感的。我的儿子已经发现，帮助他人的举措可以提升自我形象。

这条法则对幸福人生的重要性怎么强调也不为过。帮助别人的壮举确实会给你一个强大而积极的自我形象，这反过来又会建立你自己的信心。这能让你不去想自己的问题，也意味着你更喜欢自己。这是我所知道的最接近心理万能药的方法了。

无论你是把精力放在自己的家人身上，还是放在你从未见过的远方的人身上，似乎都无关紧要。你可以把你的一生奉献给慈善事业，也可以花时间照顾你的孩子。

你可以每周帮邻居购物，每周花一天时间参加当地的慈善活动，成为一名全职医生，或者只是留意每天提供帮助的机会。很明显，你需要始终如一地获得那种良好的感觉。你需要始终把帮助别人放在第一位。

然而，这并不意味着你不应该有自己的时间。你不需要没日没夜地出去找需要帮助的人。别担心，你仍然可以在晚上边看电视边享受开心的时光。你可以去度假，也可以在晚上邀朋友一起出去狂欢。你不必改变自己的生活（除非你想）。它是一种展望，一种态度，一种默认设置。只要你觉得有需要，就伸出援手，甚至舍己为人。你会意外地发现，该法则里的"自己"貌似颇为满意，谢谢你。

如果你真的想感觉良好，
就需要把自己的愿望暂且搁置一边。

这不全是你的事儿

好了，是时候跟你说实话了：你最不需要的就是关注自己。

我不是想让你为难，不是想责备你把自己放在第一位，也不是想批评你太自负。我是想帮你。事实上，总是想着自己的人很少是快乐的。这不仅仅是我的观点，相关研究也表明了这一点。仔细想想，这并不奇怪。当你专注于自己（或其他事务）时，你一定会注意到那些你并未拥有的东西——你希望拥有的品质、金钱和人际关系。没有人的生活是完美的，有些事情是你无法改变的，或者至少现在不能。你花越多的时间思考这些缺点，它们就会在你的脑海中占据越重要的位置。当你觉得自己被轻视、被不公平对待或被忽视时，你就会变得越来越敏感。

有些人会不停地谈论自己，如果你试图把话题引向别处，他们就会把话题拉回到他们自己身上。他们认为一切都围绕着他们转——他们的老板重新安排了轮值表，目的是惩罚他们、伤害他们，或者出于某种原因让他们的生活更加困难，从来不是因为老板想要建立一个更有效率的系统，从来不是因为老板根本没关心过他们，而是试图在众多员工和优先事项之间取得平衡。员工无法想象他们的老板没有为他们考虑，因为他们每时每刻都在为自己着想，所以他们无法理解不以自己为中心的世界。

听着，我希望你能拥有最好的生活，当然，如果你从不考虑自己的需要和愿望，这是行不通的。但为了保持平衡，你要确保自己不会总是把目光转向自己。你要了解你在大局中的地位，探索你在世界上的位置，并把注意力集中在外面。其实好东西都在那里。

我讨厌"自我享受的时间"或"留给我自己的时间"这样的说法。你所有的时间都是自我享受的时间，一天 24 小时。你为什么不把时间都花在你想做的事情上呢？你可能不喜欢做所有事情，但最终你做这些事情是因为你想做——我不喜欢做家务，但我不想生活在"猪圈"里。我不喜欢孩子发脾气，但我喜欢做父母，而且发脾气是与生俱来的。我做过自己讨厌的工作，因为我想要钱。我本可以换份工作或者露宿街头，但我不选择那样做。我的时间，我的选择。我认为"自我享受的时间"背后的意思是"放松的时间"，这本身是好的。但这个短语的部分问题在于，它暗示你剩下的时间不那么好，在某种程度上不是你的选择，这让你更难以接受所有其他活动，但会无奈地承认那也是你的选择。

除此之外，这句话还暗示着在你的生活中，你比任何人都重要，最好的时间应该留给你自己。在我看来，这听起来很危险，就好像时间的天平失衡了，你正偷偷地溜向舞台中央。这可能看起来很诱人，但不会让你开心。

———————

为了保持平衡，你要确保自己
不会总是把目光转向自己。

做真实的自己

当你新认识一个你真正喜欢的人时，你是不是很想重塑自己的形象，或者尝试着变身为你以为对方想要找的那个人？你可能变得非常老练，也可能变得坚强、沉默和神秘。至少你可以停止开不合时宜的玩笑让自己尴尬，或者在处理问题方面很可悲。

事实上，你可能做不到。但至少，你可能会坚持一两个晚上，甚至一两个月，但要永远坚持下去是很困难的。如果你认为这个人就是你的真命天子（天女），那么你可能会在接下来的半个世纪左右和他／她相依相伴。想象一下，在接下来的 50 年里你要装模作样，或者压抑你天生的幽默感，会导致怎样的结果？

那是不可能的，对吧？你真的想一辈子躲在你创造的虚假人格背后吗？想象一下那会是什么样子，因为害怕失去对方，你永远不能让他／她知道这不是真实的你。假设在几个星期、几个月或几年后，当你最终崩溃的时候，对方发现了真实的你，会怎样呢？他／她不会钦佩你的；如果他／她像你一样一直在演戏，你也不会钦佩他／她的。

我并不是说，你不应该偶尔试着重塑自己和提高自己。我们都应该一直这样做，而不仅仅在我们的爱情生活中如此。当然，你可以试着变得更有条理，或者不那么消极。你乐意改变自己的行为，这很好。但你旨在改变自己的基本性格这事是行不通的。你想做事令人信服，结果却让自己身陷困境。

所以，做真实的自己。不如现在就把一切都和盘托出。如果你不是对方要找的人，至少在他 / 她发现之前，你不会陷得太深。你知道吗，也许他 / 她真的不喜欢复杂，也许沉默寡言的人不适合他 / 她，也许他 / 她会喜欢你坦率的幽默感，也许他 / 她想和需要照顾的人在一起。

你看，如果你的好是装出来的，你就会吸引一个不属于你的人。这有什么用呢？总有那么一个人，就是想找到的和你完全一样的人，接受你所有的缺点和失败。我还要告诉你的是，这个人甚至不会把这些看成是缺点和失败。他 / 她会认为这是你独特魅力的一部分。他 / 她是对的。

———————

不如现在就把一切都和盘托出。